生态脆弱矿区生态环境协同治理与生态产品价值实现

苏 敬　朱 琳　李士美　吕玉娟◎著

·南京·

图书在版编目(CIP)数据

生态脆弱矿区生态环境协同治理与生态产品价值实现/苏敬等著. —南京：河海大学出版社，2022.12
ISBN 978-7-5630-7891-2

Ⅰ. ①生… Ⅱ. ①苏… Ⅲ. ①矿区—生态环境—环境综合整治—研究 Ⅳ. ①X322

中国版本图书馆 CIP 数据核字(2022)第 245043 号

书　　名/生态脆弱矿区生态环境协同治理与生态产品价值实现
书　　号/ISBN 978-7-5630-7891-2
责任编辑/卢蓓蓓
特约编辑/秦　丹
特约校对/李　阳
封面设计/徐娟娟
出版发行/河海大学出版社
地　　址/南京市西康路 1 号(邮编：210098)
电　　话/(025)83737852(总编室)　(025)83722833(营销部)
经　　销/江苏省新华发行集团有限公司
排　　版/南京月叶图文制作有限公司
印　　刷/广东虎彩云印刷有限公司
开　　本/787 毫米×1092 毫米　1/16
印　　张/10
字　　数/151 千字
版　　次/2022 年 12 月第 1 版　2022 年 12 月第 1 次印刷
定　　价/68.00 元

前　言

党的二十大报告指出，要“坚持山水林田湖草沙一体化保护和系统治理”“深入推进环境污染防治”和“提升生态系统多样性、稳定性、持续性”。我国是世界上生态脆弱区分布面积最大、脆弱生态类型最多、生态脆弱性表现最明显的国家之一。生态脆弱性是一种内在的属性，敏感性是它的外在表现，两者以干扰体系为纽带。多年来，矿山生态破坏和环境污染对区域生态安全造成严重影响，对“绿水青山就是金山银山”理念的执行形成一定阻力。生态脆弱性与矿山开采活动相叠加形成了生态脆弱矿区，是矿界范围、经济区域、行政区域和环境边界的综合体现，呈现出不利于人类可持续发展的趋势，并且在现有的经济条件下，这种逆向发展趋势还没能得到有效遏制。相较于经济效益，环境效益获得的社会关注较少，加上多数矿区工艺技术传统，随着矿产资源的多年开采，环境治理和生态修复难度大，区域生态环境问题凸显。

本书选择山西省忻州市作为研究区，以“绿水青山就是金山银山”为核心理念，坚持“山水林田湖草沙一体化保护和系统治理”，探索生态脆弱矿区生态保护修复与环境污染协同治理路径。围绕生态环境协同治理，分别对忻州市自然保护地管理现状、水土流失情况、生物多样性建设、矿山环境问题以及环境质量现状、主要污染源污染特征、环境基础设施建设等进行全面分析评价，识别其生态环境保护、生态经济和生态文明建设的关键短板和突出问题，深刻把握“山水林田湖草是一个生命共同体”的科学内涵，以经济高质量发展和生态环境高标准保护为导向，坚持源头治理、系统治理、整体治理，坚持“治山、治水、治气、治城”一体化推进，确定生态修复、环境改善的目标和指标，提出生态修复、环境改善的工作思路、技术路线、工作内容，从

“重点保护”“全程防控”“生态治理”和“最严监管”等方面针对关键问题和关键区域提出主要任务和措施，研究探索了生态脆弱矿区生态保护修复和环境质量改善协同治理的实施路径，讨论了生态产品价值实现路径。

本书基于中央级公益性科研院所基本科研业务专项重点项目“矿产资源开发生态保护修复成效评估与监管技术研究”（GYZX190101），研究提出生态脆弱矿区生态环境协同治理与生态产品价值实现路径，共分为七章，撰写和修改本书的主要成员有苏敬、朱琳、李士美、吕玉娟、吴秋菊、芮菡艺、朱沁园、张卫东、徐超、苏秋克，其中第二章由徐超完成、第四章由朱沁园完成、第六章由芮菡艺完成，全书结构和内容由苏敬审定。

值此出版之际，感谢生态环境部南京环境科学研究所科技处、生态文明建设研究中心在项目实施和成果凝练过程中给予的帮助，感谢李海东研究员给予的指导，本书内容难免存在一些不妥之处，恳请广大读者朋友指正，我们将在今后工作中及时深入研究并不断完善。

著　者

2022 年 12 月

目 录

1 引言

1.1 生态脆弱矿区的概念与内涵

脆弱性是一个广泛的术语，不同的学科把脆弱性与相应的研究对象结合产生不同的研究分支，包括生态脆弱性、气候变化脆弱性、资源脆弱性（如水资源、旅游资源脆弱性）、自然灾害脆弱性（如泥石流灾害、农业旱灾脆弱性等）等。其中，生态脆弱性是一种内在属性，敏感性是它的外在表现形式，两者以干扰体系为纽带。若以特定区域的生态系统作为研究对象，敏感性则指它对外界干扰易于感受的性质，是反映生态脆弱性的一个指标。如果外界干扰类型和尺度发生变化，脆弱性和敏感性就可能不一致。从生态系统的观点看，某一生态系统从长期的角度来看是稳定的，短期的观察则是脆弱的；局部（小尺度）是脆弱的，但更大景观（大尺度）则是稳定的。脆弱性可以分为内源脆弱性和外源脆弱性，前者是系统内部运动与未受干扰系统的结构共同作用的结果，后者包括风险的两个成分——不测因素和现实风险。

采矿区范围是指可供开采矿产资源范围、井巷工程设施分布范围或者露天剥离范围的立体空间区域，由拐点坐标和开采深度共同圈定。生态脆弱区也称生态交错区，是指两种不同类型生态系统交界过渡区域。这些交界过渡区域生态环境条件与两种不同生态系统核心区域有明显的区别，是生态环境变化明显的区域，已成为生态保护的重要领域。采矿脆弱生态复合区指的是生态条件已成为社会经济继续发展的限制因素或社会按目前模式继续发展时将威胁到生态安全的区域与采矿区叠加的复合区域，是自然区域、经济区域与行政区的综合体现，它对各种人为采矿的、自然的干扰极为敏感，生态环境稳定性差、生态平衡常遭到破坏、生态环境退化超出了现有社会经济和技术长期维持人类利用和发展的水平，朝着不利于人类利用的方向发展，并且在现有的经济条件下，这种逆向发展的趋势不能得到有效的遏制。

1.2 生态脆弱矿区的形成

生态脆弱矿区的形成除生态本底脆弱外，人类采矿活动的过度干扰是直接原因。因此，生态脆弱矿区是自然因素和人为因素共同作用的结果。

1. 自然因素

生态脆弱区是指生态系统抗干扰能力弱、易于退化且难以恢复的地区，主要分布在干湿交替、农牧交错、水陆交界、森林边缘、沙漠边缘等地区，并强调生态脆弱区的生态系统稳定性差，自我修复能力低，一旦被打破，土地易退化。

2. 人为因素

露采矿山在开发过程中，实施露天表土剥离、废石堆放、交通运输等都将破坏原始地貌、毁坏植被、改变地表和地下水均衡，污染空气，引发露天矿区生态环境的恶化，生态系统服务功能的减少，主要表现：一是植被的退化，采矿区和排土场的使用以及地面生产系统的建立必定会造成该区域地表植被的破坏。随着生产规模不断扩大，生产区域的植被破坏越来越严重，甚至造成原生植被的消失。二是水土流失加剧，基建期地基开挖及临时堆放弃土、采场的土层剥离、生产排土作业等扰动地表造成表土疏松裸露，造成水土流失，甚至因此所引起的自然灾害频发。三是污染物的排放，由于爆破、采掘、运输形成的粉尘较大，各种药剂的使用等都会污染原有的生态环境。

1.3 生态脆弱矿区的特征与面临的问题

1.3.1 基本特征

① 人为采矿活动影响大。受气候变化和人类活动的影响，人为采矿区往往和脆弱生态区相互叠加，由采矿所引发的一系列土地退化、环境污染、沉陷区等问题导致该类地区环境问题更加突出，生态退化直接威胁到生态安全。

② 系统抗干扰能力弱。生态脆弱矿区生态系统结构稳定性较差，对环境变化反映相对敏感，容易受到外界的干扰发生退化演替，而且系统自我修复能力较弱，自然恢复时间较长。

③ 对全球气候变化敏感。采矿生态脆弱区生态系统中，环境与生物因子均处于相变的临界状态，对全球气候变化反应灵敏。具体表现为气候持续干旱，植被旱生化现象明显，生物生产力下降，自然灾害频发等。

④ 时空波动性强。波动性是生态系统的自身不稳定性在时空尺度上的位移。在时间上表现为气候要素、生产力等在季节和年际间的变化；在空间上表现为系统生态界面的摆动或状态类型的变化。

⑤ 边缘效应显著。采矿生态脆弱区具有生态交错带的基本特征，因处于不同生态系统之间的交接带或重合区，是物种相互渗透的群落过渡区和环境梯度变化明显区，具有显著的边缘效应。

⑥ 环境异质性高。采矿生态脆弱区的边缘效应使区内气候、植被、景观等相互渗透，并发生梯度突变，导致环境异质性增大。具体表现为植被景观破碎化，群落结构复杂化，生态系统退化明显，水土流失加重等。

1.3.2 面临的问题

我国生态脆弱矿区主要面临以下的生态、社会经济问题：

① 土地退化、土壤污染严重。由于自然环境不断恶化和矿工业占用及破坏土地，导致生态脆弱矿区生态系统土地沙化、石漠化，草场退化，土壤重金属污染严重，生物多样性降低；

② 水资源短缺的趋势加剧。矿区排放的废水，造成的区域水污染，过度地下水开采、农业节水工作滞后和不合理灌溉，加之全球气候的变化，使得区域性和季节性水资源短缺问题突出，水质性缺水现象显著；

③ 植被减少，森林生态功能下降。采矿区森林过度砍伐，使得天然林、混交林面积不断减少，人工林增加，林种、树种单一，造成森林生态系统趋于简单化，其防风固沙、保土保肥、涵养水分，改善农田小气候以及保护生物多样性的能力下降；

④ 生态系统承载力下降。由于生态系统功能的退化，导致了生态系统生产力和承载力下降，表现为土地生产力下降，牧场载畜能力降低等；

⑤ 环境污染严重、环境容量低，抗干扰能力下降。由于生态脆弱矿区更多关注经济效益，环境效益关注少，人们的环保意识较差，加上随着矿产资源的多年开采，多数矿区工艺技术传统，升级改造的价值不大，导致持续的高能耗运行；

⑥ 生态环境恢复的不可逆性。脆弱生态区的矿山开采带来的生物物种的减少甚至灭绝、植被的减少或是消失、水土流失加剧甚至因此所引起的自然灾害频发，以及各种废弃物对矿区生态环境所带来的污染负效应，破坏了原有的自然生态系统，也不可避免地引发周边生态系统的破坏。受自然条件限制，加之政策投入的不到位，这种破坏需要经过很长时间才能恢复，甚至很难恢复到原有的环境状态。

1.4 生态脆弱矿区的现状分布

我国生态脆弱矿区主要分布在北方干旱半干旱区、南方丘陵区、西南山地区、青藏高原区及东部沿海水陆交接地区，行政区域涉及黑龙江、内蒙古、吉林、辽宁、河北、山西、陕西、宁夏、甘肃、青海、新疆、西藏、四川、云南、贵州、广西、重庆、湖北、湖南、江西、安徽等 21 个省（自治区、直辖市）。主要类型包括：

1）东北林草交错生态脆弱矿区

该区主要分布于大兴安岭山地和燕山山地森林外围与草原接壤的过渡区域，行政区域涉及内蒙古呼伦贝尔市、兴安盟、通辽市、赤峰市和河北省承德市、张家口市等部分县（旗、市、区），主要矿产资源有铁、锰、锌、铅、铜等金属矿，煤炭，镀钽稀有元素，石灰石、高纯硅石、高中低铝叶蜡石、高岭石等非金属矿，花岗岩、玄武岩、闪长岩、辉长岩、橄榄岩、白云石等建筑石材。生态环境脆弱性表现为：生态过渡带特征明显，群落结构复杂，环境异质性大，对外界反应敏感等。重要生态系统类型包括：北极泰加林、沙地樟子松林；疏林草甸、草甸草原、典型草原、疏林沙地、湿地、水体等。

2）北方农牧交错生态脆弱矿区

该区主要分布于年降水量 300～450 mm、干燥度 1.0～2.0 的北方干旱半干旱草原区，行政区域涉及蒙、吉、辽、冀、晋、陕、宁、甘等 8 省区。主要矿产资源分布以包头钢铁，玉门、克拉玛依的石油，金昌的有色金属为主。生态环境脆弱性表现为：气候干旱，水资源短缺，土壤结构疏松，植被覆盖度低，容易受风蚀、水蚀和人为活动的强烈影响。重要生态系统类型包括：典型草原、荒漠草原、疏林沙地、农田等。

3）西北荒漠绿洲交接生态脆弱矿区

该区主要分布于河套平原及贺兰山以西，新疆天山南北广大绿洲边缘区，行政区域涉及新、甘、青、蒙等地区。该区域矿产种类全、储量大，开发前景广阔。发现的矿产有 138 种，其中 9 种储量居全国首位，32 种居西北地区首位。石油、天然气、煤、金、铬、铜、镍、稀有金属、盐类矿产、建材非金属等蕴藏丰富。另外，黄金、宝石、玉石等资源种类繁多，古今驰名。生态环境脆弱性表现为：典型荒漠绿洲过渡区，呈非地带性岛状或片状分布，环境异质性大，自然条件恶劣，年降水量少、蒸发量大，水资源极度短缺，土壤瘠薄，植被稀疏，风沙活动强烈，土地荒漠化严重。重要生态系统类型包括：高山、亚高山冻原，高寒草甸，荒漠胡杨林，荒漠灌丛以及珍稀、濒危物种栖息地等。

4）南方红壤丘陵山地生态脆弱矿区

该区主要分布于我国长江以南红土层盆地及红壤丘陵山地，行政区域涉及浙、闽、赣、湘、鄂、苏等六省。该区域是我国主要的有色、稀有、稀土矿产基地之一，矿产储量居全国第一位的有铜、钨、钽、铯、铊、钪、金、银、铀、钍、伴生硫、熔剂白云岩等，其他还有不少金属、非金属矿产也在全国占有重要地位。生态环境脆弱性表现为：土层较薄，肥力瘠薄，人为活动强烈，土地严重过垦，土壤质量下降明显，生产力逐年降低；丘陵坡地林木资源砍伐严重，植被覆盖度低，暴雨频繁、强度大，地表水蚀严重。重要生态系统类型包括：亚热带红壤丘陵山地森林、热性灌丛及草山草坡植被生态系统，亚热带红壤丘陵山地河流湿地水体生态系统。

5）西南岩溶山地石漠化生态脆弱矿区

该区主要分布于我国西南石灰岩岩溶山地区域，行政区域涉及川、黔、滇、渝、桂等省市。与岩溶作用直接或间接形成的矿产多达上百种，主要有铁、锰、磷、铝、锡、铅、锌、钨和油气资源等。生态环境脆弱性表现为：全年降水量大，融水侵蚀严重，而且岩溶山地土层薄，成土过程缓慢，加之过度砍伐山体林木资源，植被覆盖度低，造成严重水土流失，山体滑坡、泥石流灾害频繁发生。重要生态系统类型包括：典型喀斯特岩溶地貌景观生态系统，喀斯特森林生态系统，喀斯特河流、湖泊水体生态系统，喀斯特岩溶山地特有和濒危动植物栖息地等。

6）西南山地农牧交错生态脆弱矿区

该区主要分布于青藏高原向四川盆地过渡的横断山区，行政区域涉及四川阿坝、甘孜、凉山等州，云南省迪庆、丽江、怒江以及黔西北六盘水等40余个县市。西南地区矿产资源种类多、储量大，已发现矿种130种，有色金属约占全国储量的40%。生态环境脆弱性表现为：地形起伏大、地质结构复杂，水热条件垂直变化明显，土层发育不全，土壤瘠薄，植被稀疏；受人为活动的强烈影响，区域生态退化明显。重要生态系统类型包括：亚热带高山针叶林生态系统，亚热带高山峡谷区热性灌丛草地生态系统，亚热带高山高寒草甸及冻原生态系统，河流水体生态系统等。

7）青藏高原复合侵蚀生态脆弱矿区

该区主要分布于雅鲁藏布江中游高寒山地沟谷地带、藏北高原和青海三江源地区等。该区域发现具有丰富的铜铁矿产资源，如位于雅鲁藏布江缝合带的罗布莎超大型铬铁矿矿床，藏东冈底斯地块东段的玉龙特大型斑岩铜矿带以及冈底斯带中段的冈底斯大型、特大型金属铜、钼、铬多金属矿床等。生态环境脆弱性表现为：地势高寒，气候恶劣，自然条件严酷，植被稀疏，具有明显的风蚀、水蚀、冻蚀等多种土壤侵蚀现象，是我国生态环境十分脆弱的地区之一。重要生态系统类型包括：高原冰川、雪线及冻原生态系统，高山灌丛化草地生态系统，高寒草甸生态系统，高山沟谷区河流湿地生态系统等。

8）沿海水陆交接带生态脆弱矿区

该区主要分布于我国东部水陆交接地带，行政区域涉及我国东部沿海诸省（市），典型区域为滨海水线 500 m 以内、向陆地延伸 1～10 km 的狭长地域。主要矿产资源有石油、天然气、滨海砂矿等，储量丰富，另外，东部沿海地区的建材化工等非金属矿产资源分布较广。生态环境脆弱性表现为：潮汐、台风及暴雨等气候灾害频发，土壤含盐量高，植被单一，防护效果差。重要生态系统类型包括：滨海堤岸林植被生态系统，滨海三角洲及滩涂湿地生态系统，近海水域水生生态系统等。

2

研究区概况

2.1 自然地理概况

2.1.1 地理位置

忻州市位于山西省北中部，介于东经 110°56′～113°58′、北纬 38°09′～39°40′之间，东西长约 250 km，南北宽约 100 km。北以内长城与大同、朔州为界，西隔黄河与陕西、内蒙古相望，东邻太行山与河北省接壤，南与吕梁、太原、阳泉毗连，总面积 25 143 km^2。

2.1.2 地形地貌

忻州市境内地形崎岖，山多川少，地质条件和地貌类型错综复杂。地层除短缺古生界的奥陶系上统、志留系、泥盆系和石炭系下统以外，其他各时代的地层均有出露，可分为太古界、古生界、中生界和新生界。

境内山丘居多，大小山脉数百座，是一个多山的地区。北有恒山山脉，山势峻拔，古称北岳，其主要山峰有禅房山、草垛山、馒头山，古老的长城蜿蜒其间，闻名于世的雁门关耸立在群山之中；西有吕梁山，山势雄伟，连绵不断，森林茂密，主要山峰有芦芽山、管涔山、云中山等；东有太行山和佛教圣地五台山；南有系舟山，如图2.1.1所示。

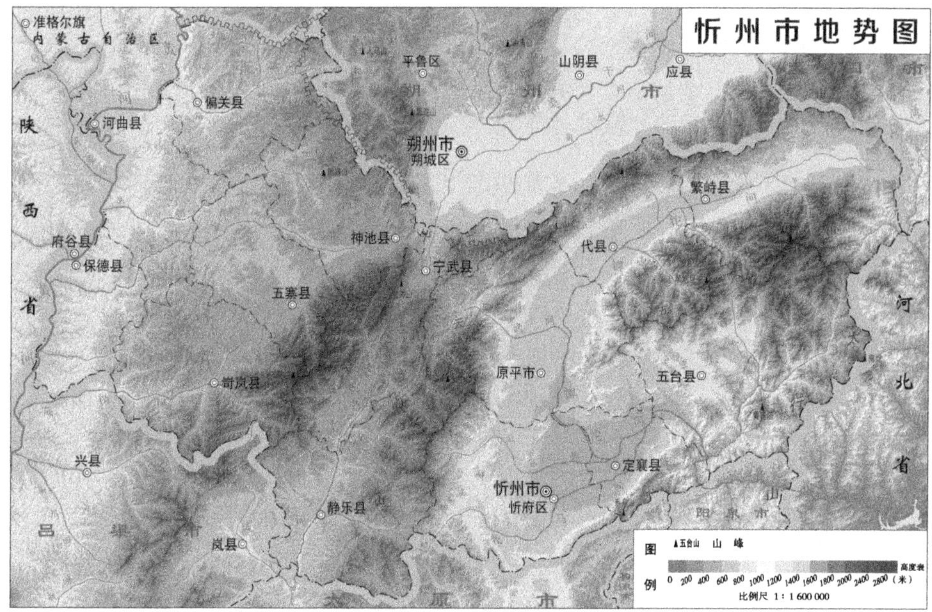

图 2.1.1 忻州市地形图

黄河自北向南穿行于秦晋峡谷之中，形成本市与陕西省的天然屏障。河东岸呈向西倾斜的高原地形，地表为厚层黄土覆盖。大致以偏关、河曲和保德的中部往东至三岔、岢岚一线以丘陵地貌为主，即黄土丘陵沟壑区。盆地面积较大的有忻定盆地和五寨盆地，前者为中部五台、系舟、云中三山所包围，后者位于芦芽山西北部。山区高原面积约占全市面积的87%①，川地占13%。山脉标高多在2 000 m以上，五台山北台叶斗峰海拔3 058 m，被誉为“华北屋脊”；定襄县岭子底海拔560 m，为全市最低点，相对高差约2 500 m。

纵观全貌，忻州市东部、北部、南部多为石质山区，西部、西北部多为黄土丘陵沟壑区，中间有一小部分断陷盆地。山区、丘陵区、盆地平川区的面积分别占全市总土地面积的53.56%、35.96%、10.54%。

---

① 因四舍五入，全书数据存在一定偏差。

2.1.3 流域及水文特征

忻州市河流分属黄河流域的黄河、汾河以及海河流域的子牙河、永定河、大清河五大水系,其中滹沱河是子牙河水系的主要支流,桑干河是永定河重要源头,涉汾河、滹沱河、桑干河、大清河,划分为入黄流域、汾河流域、滹沱河流域、桑干河流域、大清河流域5个流域。

河流均呈辐射状自市内向四周发散,汇入外市河流。受地理环境和气候条件所制约,河流兼具山地型和夏雨型的双重特性,除自北向南流经市境西缘的黄河外,全市集水面积大于1 000 km^2的河流有8条。其中海河流域3条:滹沱河及其支流清水河和牧马河;黄河流域5条:汾河、偏关河、县川河、朱家川和岚漪河,见图2.1.2。

滹沱河是海河流域子牙河水系的主要支流,为全市第一大河,发源于繁峙县东北泰戏山麓的桥儿沟村一带,流经繁峙、代县、原平、忻府、定襄、五台六个县(市、区),在定襄县岭子底村出境。区内集水面积11 775 km^2,干流河长260 km,平均纵坡2.17‰。沿途主要支流有沿口河、羊眼河、峨河、峪口河、中解河、阳武河、云中河、牧马河、同河、小银河、清水河等。

清水河发源于五台山东台沟,为滹沱河最大支流,纵贯五台县全境,在坪上村汇入滹沱河,流域面积2 405 km^2,干流河长113 km,平均纵坡8.31‰。

牧马河为滹沱河一级支流,发源于阳曲县白马山,于定襄县蒋村汇入滹沱河,区内集水面积1 375 km^2,干流长118.3 km,平均纵坡3.06‰。

汾河为全市第二大河,属黄河流域汾河水系,发源于宁武县管涔山麓的雷鸣寺,流经宁武、静乐两县。沿途接纳中马坊河、东碾河等支流后,向南流向省会太原市。区内集水面积3 441 km^2,干流河长95.2 km,平均纵坡6.02‰。流域内水量较为丰富,但因流经山区,耕地少,径流利用率较低。

偏关河属黄河流域黄河水系,发源于朔州市平鲁区利民沟,流经偏关县全境。区内集水面积1 095 km^2,干流河长125 km,平均纵坡6.52‰。流域内植被稀疏,沟壑纵横,地貌剥蚀严重,是造成河流高含沙量的直接原因。

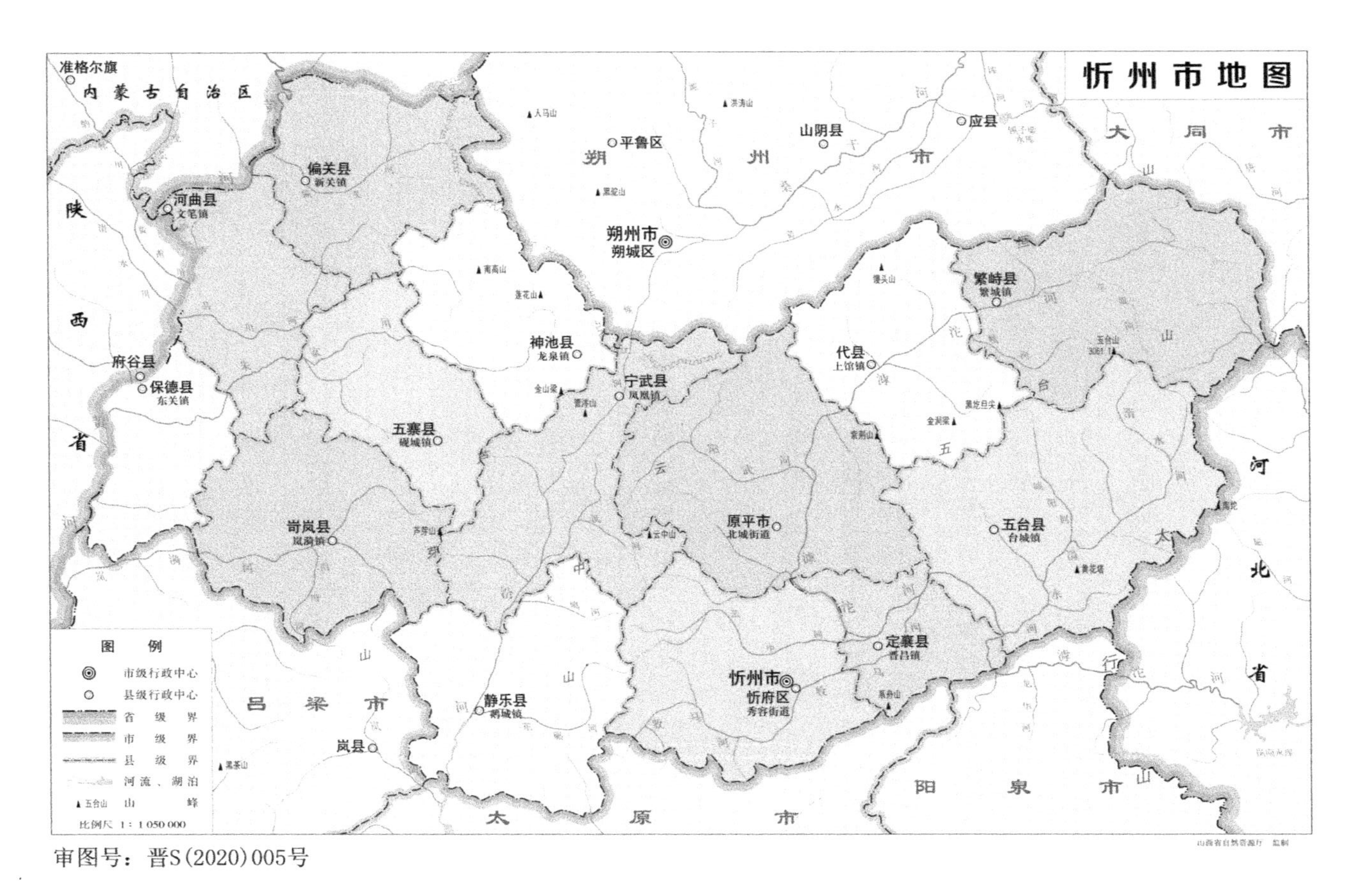

审图号：晋S(2020)005号

图 2.1.2 忻州市水系图

县川河发源于神池县马坊乡管涔山西麓，流经神池、五寨、偏关、河曲四县后，于河曲禹庙汇入黄河。区内集水面积 1 559 km²，干流河长 109 km，平均纵坡 6.53‰。主要支流有尚峪沟等。枯季河流几近干涸，只有在发生暴雨时才产生洪水径流，并伴有大量泥沙。

朱家川发源于管涔山西麓的神池县小寨乡金土梁村一带，流经神池、五寨、岢岚、河曲、保德，于保德县杨家湾镇花园村附近汇入黄河。区内集水面积 2 911 km²，干流河长 167.6 km，平均纵坡 5.02‰。主要支流有二道河等。因流经灰岩地层，非汛期径流很小，暴雨洪水时，黄土峁塬侵蚀严重，水流挟带大量泥沙。

岚漪河发源于岚县鹿径岭西之饮马池山，由东川河、北川河、南川河汇合后始称岚漪河，流经岚县、岢岚两县，于岢岚县境西部温泉乡党家涯村附近出境进入吕梁市。区内集水面积 1 623 km²，干流河长 67 km，平均纵坡 7.90‰。忻州市主要河流特征值统计见表 2.1.1。

表 2.1.1　忻州市主要河流特征值统计表

流域	水系	河名	流域面积（km²）	河长（km）	总落差（m）	河道纵坡（‰）	备注
海河	子牙河	洪水河	96	20.9	778	18.5	
		沿口河	160	28.5	1 042	19.2	
		羊眼河	184	31.3	2 006	32.9	
		中解河	128	29.3	1 316	24.7	
		马峪河	57	21.7	1 357	36.9	
		胡峪沟	36	17.7	952	30.8	
		峨河	415	47.2	2 166	23.8	
		峪口河	354	39.7	1 105	18.7	
		七里河	51	20.9	899	24.6	
		北桥沟	54	17.1	427	13.7	
		阳武河	972	72.6	1 450	11.8	
		北云中河	458	49.6	1 130	9.6	
		牧马河	1 498	118.3	967	3.1	
		同河	276	37.1	740	6.4	

（续表）

流域	水系	河名	流域面积（km^2）	河长（km）	总落差（m）	河道纵坡（‰）	备注
海河	子牙河	小银河	230	32.5	1 378	13.6	
		清水河	2 405	113.2	1 793	8.3	
		滹沱河	11 936	250.7	933	2.2	至南庄
	永定河	恢河	318	33.1	1 300	14.0	
	大清河	青羊河	435	30.3	1 630	26.2	
黄河	汾河	大石洞沟	93	15.5	610	25.7	
		大庙沟	116	16.1	853	33.1	
		冯营沟	18	8.0	799	57.7	
		圪嵺沟	536	43.4	788	10.1	
		西马坊河	156	25.2	1 210	22.0	
		鸣水河	289	25.8	550	9.0	
		永安河	45	15.1	778	28.2	
		东碾河	520	56.2	726	8.9	
		西碾河	93	27.0	620	13.0	
		涧子沟	39	17.9	810	25.5	
		汾河	2 975	95.2	1 250	6.0	至丰润
	黄河	偏关河	2 040	124.9	910	6.5	
		县川河	1 610	109.0	903	6.5	
		新窑河	42	16.1	590	18.5	
		腰庄河	64	20.0	538	18.7	
		朱家川	2 915	167.6	88	5.0	
		石塘河	79	26.9	600	15.9	
		小河沟河	165	42.2	925	13.9	
		岚漪河	2 159	94.5	1 473	7.1	
		张家坪河	258	33.8	540	11.4	

2.1.4 气候气象特征

忻州市气候属大陆性季风性气候，兼具山地性气候的特征。表现为春季少雨干旱多风沙，夏季高温多暴雨，东南风带来的暖湿气流是形成全市降水的主要水汽来源，秋季温和晴朗，冬季漫长干寒，西北风盛行，降水少。随着山地海拔升高气候垂直变化十分显著。全市多年（1956—2000 年）平均年降水量为 475.4 mm，多年（1980—2000 年）平均水面蒸发量介于 700～1 200 mm 之间，干旱指数介于 1.9～3.2 之间。

忻州市气温大致由北向南递增，年平均气温在 - 4.0～8.8℃之间。五台山年平均气温最低为 - 4.0℃，原平最高为 8.8℃。一月份气温最低，五台山极端最低气温达 - 44.8℃，七月份气温最高，原平极端最高气温达 40.4℃。

相对湿度西北部小，东南部大；春季小，夏季大。年平均相对湿度介于 48%～68%之间。五台山最大年平均相对湿度为 68%。

无霜期自南向北递减，南部约为 140～194 d，北部约为 115～186 d，高寒山区不足 100 d，南北差异较大。热量条件造成作物种类和一年内栽植次数在地区上的差异。

2.1.5 资源禀赋

1. 矿产资源

忻州地质环境复杂，矿床成因多样，矿种繁多，潜在蕴藏量极为丰富，具有工业开采价值的地下矿产资源 50 余种。区内含煤面积广，含煤面积为 4 600 km^2。占全市国土面积的 18%左右。全市共有 14 个县（市），其中有 8 个产煤县。主要有宁武煤田、河东煤田和五台煤产地，预测地质储量 1 100 亿 t，其中探明储量 639 亿 t。共有各类煤矿 317 座。铁矿探明储量 19.8 亿 t、保有储量 17.4 亿 t，铁矿资源占全省的一半以上，钛矿储量 159.26 万 t，占全省 54.1%，铝矿资源占全省的三分之一，金矿储量 18 508 kg 占全省三分之二，还有钼、金红石、高岭岩、白云石、大理石等保有储量在全省均占较大份额。

2. 水资源

1）水资源量

忻州市多年平均水资源总量为 19.874 9 亿 m^3，其中，黄河流域多年平均河川径流量为 4.296 6 亿 m^3，多年平均地下水资源总量为 5.973 0 亿 m^3，；海河流域多年平均河川径流量为8.164 6 亿 m³，多年平均地下水资源总量为 8.387 1 亿 m³。总体上，忻州市海河流域水资源量高于黄河流域，见图 2.1.3。

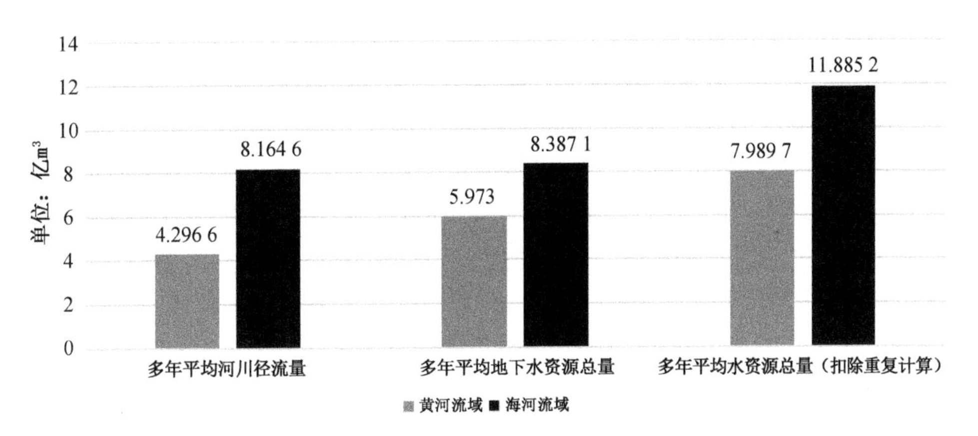

图 2.1.3　忻州市水资源量状况

2020 年忻州市水资源总量 18.354 1 亿 m³。全市平均产水系数 0.14，产水模数 7.30 万 m³/km²。

统筹考虑生活、生产和生态环境用水，通过经济合理、技术可行的措施，根据现有和规划的蓄、引、提工程的供水能力，计算得全忻州市多年平均水资源可利用量为 12.518 5 亿 m³，其中地表水可利用量为 6.077 0 亿 m³，地下水可开采量为8.905 7 亿 m³，重复量为 2.464 2 亿 m³。

2020 年忻州市水资源总量 18.354 1 亿 m³，较多年平均减少 8.3%，其中地表水资源量 10.595 4 亿 m³，地下水资源量 14.220 2 亿 m³，二者重复计算量 6.461 4 亿 m³。全市平均产水系数 0.14，产水模数 7.30 万 m³/km²。

从各流域上看，与多年平均相比，除滹沱河流域基本持平外，其他各流域水资源量均有所减少，减幅较大的为桑干河流域、汾河流域，分别减少 46.6%、17.8%；与 2019 年相比，除入黄流域水资源量减少 6.8%外，其他流域均有所增加，增幅较大的为大清河流域和桑干河流域，分别增加 46.3%和 23.7%，具体见图 2.1.4。

从空间格局上看，忻州市内滹沱河流域水资源量最高，其次为入黄流域及汾河流域，桑干河流域水资源量略高于大清河流域。

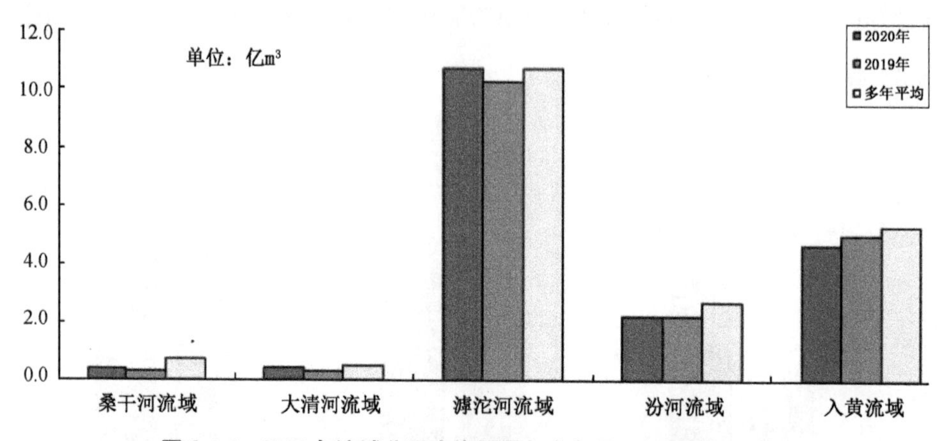

图 2.1.4　2020 年流域分区水资源量与多年及 2019 年平均比较

2）水资源开发利用

（1）供水量

2020 年全忻州市实际供水量 6.719 5 亿 m³（其中：新鲜水 6.484 3 亿 m³），其中地表水源工程供水量 3.784 0 亿 m³，占总供水量的 56%；地下水源工程供水量 2.700 2 亿 m³，占总供水量的 40%；其他水源工程供水量 0.235 2 亿 m³，占总供水量的 4%，见图 2.1.5。

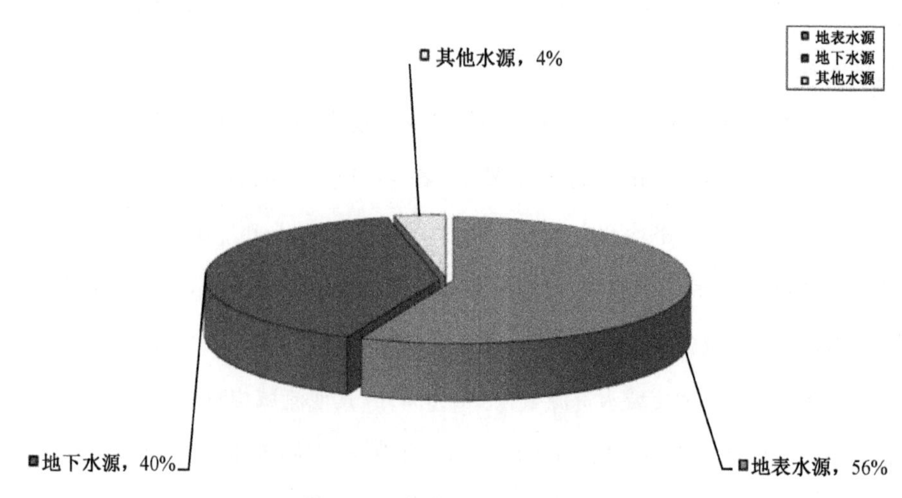

图 2.1.5　忻州市供水组成

水利工程供水量中，蓄水、引水、提水工程供水量分别为 1.066 5 亿 m^3、1.438 5 亿 m^3、1.822 4 亿 m^3，分别占水利工程供水量的 25%、33%、42%。水利工程支撑有力，偏关万家寨水利枢纽、龙口水利枢纽、中部引黄工程三大骨干调蓄工程及规划配套水网供水工程，设计引水占全省规划引水规模的 50% 以上，其中万家寨水利枢纽、中部引黄工程年设计供水量 14 亿 m^3、6.02 亿 m^3/a，有力支持了北京、内蒙古及省内太原、大同、朔州、晋中、吕梁、临汾等地的工农业生产和城市生活用水，为全省及相邻省、市经济社会发展奠定了重要的水资源基础。

(2) 用水量及用水结构

2020 年忻州市用水总量 6.719 5 亿 m^3（其中：新鲜水 6.484 3 亿 m^3）。其中农业灌溉用水量最高，达 3.999 2 亿 m^3，占总用水量的 59.5%；工业用水量次之，达 0.803 1 亿 m^3，占用水总量的 12.0%；城镇居民生活用水量 0.387 9 亿 m^3，占总用水量的 5.8%；农村居民生活用水量 0.287 8 亿 m^3，占总用水量的4.3%；生态用水量 0.668 5 亿 m^3，占用水总量的 9.9%；林牧渔业用水量 0.393 0 亿 m^3，占用水总量的 5.8%；三产用水量 0.120 7 亿 m^3，占用水总量的 1.8%；建筑业用水量 0.059 4 亿 m^3，占用水总量的 0.9%。具体见图 2.1.6。

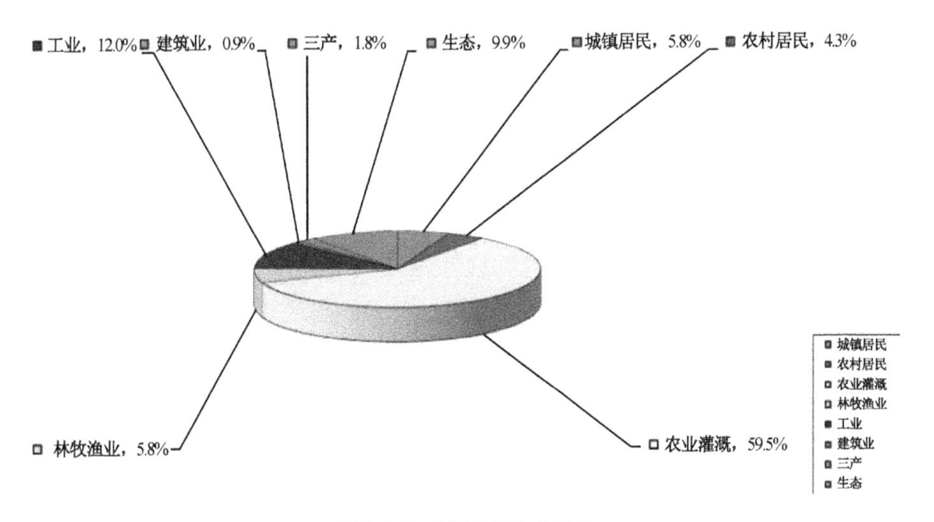

图 2.1.6 忻州市用水结构

2020 年市各流域分区用水量见表 2.1.2。

表 2.1.2　2020 年忻州市各流域分区用水量

用水量单位：$10^4 m^3$，占比单位：%

流域分区	生活用水				生产用水										生态用水		总用水	
	城镇居民		农村居民		农业灌溉		林牧渔业		工业		建筑业		三产					
	用水量	占比	用水量	占比	用水量	占比	用水量	占比	用水量	占比	用水量	占比	用水量	占比	用水量	占比	用水量	占比
汾河流域	168	6.2	271	9.9	427	15.6	699	25.6	388	14.2	21	0.8	32	1.2	723	26.5	2 729	4.1
入黄流域	710	6.1	628	5.4	4 024	34.7	1 283	11.1	3 059	26.4	218	1.9	157	1.4	1 518	13.1	11 597	17.3
滹沱河流域	2 714	5.3	1 881	3.7	35 254	68.4	1 822	3.5	4 297	8.3	338	0.7	997	1.9	4 216	8.2	51 519	76.7
桑干河流域	287	23.1	63	5.1	266	21.4	93	7.5	275	22.2	14	1.1	18	1.5	225	18.1	1241	1.8
大清河流域	0	0.0	34	30.9	22	20.0	33	30.0	11	10.0	3	2.7	4	3.6	3	2.7	110	0.2
忻州市	3 879	5.8	2 878	4.3	39 992	59.5	3 930	5.8	8 031	12.0	594	0.9	1 207	1.8	6 685	9.9	67 195	100

从用水量上看，忻州市内滹沱河流域用水量最高，约占全市总用水量的76.7%，其次为入黄流域和汾河流域，分别占17.3%和4.1%，桑干河流域和大清河流域用水量占比较低，分别为1.8%和0.2%。

从用水结构上看，入黄流域以及滹沱河流域用水以农业灌溉为主，其余流域用水量各有侧重，汾河流域以生态用水及林牧渔业用水为主，桑干河流域以生活用水及工业用水为主，大清河流域以生活用水及林牧渔业用水为主。

(3) 用水效率

2020年忻州市人均取水量241 m^3，约为全国平均水平的9.7%，远低于国际公认的人均水资源量500 m^3 的绝对缺水线警戒值，属于严重缺水地区。忻州市万元GDP取水量78.84 m^3，万元工业增加值取水量224.00 m^3。

(4) 河湖生态流量保障及干涸情况

忻州市偏关河、朱家川河和牧马河存在断流现象。但从总体来看，朱家川河和牧马河断流天数有所下降，偏关河断流情况多年处于波动之中，监测段断流干涸天数统计情况见表2.1.3。

表2.1.3 忻州市主要河流水文监测段断流干涸天数统计

年份	2015	2016	2017	2018	2019
偏关河	362 d	339 d	347 d	340 d	353 d
朱家川河	—	当年7月1日开始观测，7月—12月共干涸94 d	300 d	321 d	255 d
牧马河	134 d	128 d	50 d	79 d	56 d

(5) 存在问题

忻州市水资源存在的问题，主要表现为：

水资源紧缺，供水压力大。忻州市属于干旱少雨地区，多年平均年降水量为475.4 mm，相比山西省(524 mm/a)乃至全国(628 mm/a)的年平均降水量仍有较大差距。忻州全市多年产水模数、城镇居民取水量均低于全省均值。以汾河流域为例，流域内水资源总量为31.9亿m^3，占全省水资源的26%，但人均年径流量仅有136 m^3，仅占全国人均径流量的6.6%。

水资源时空分布不均，富水区开发利用难度大，局部地区供需矛盾突出。忻州市境内水资源丰枯悬殊，年内年际变化显著。河道来水量70%～80%集中在6月—9月内，且年际丰枯变化大，丰水年与枯水年相差5倍。同时，因降水及下垫面条件差异，市内河川径流区域分布差异较大，水资源地区分布不均。一般情况下山区雨量大，平原、河谷区雨量偏少。各流域分区径流深均未达到100 mm，其中滹沱河流域和市境北部的大清河流域为最，分别为98.4 mm和97.7 mm，汾河流域居次，径流深为77.5 mm。从几个相对富水区来看，大清河流域位于忻州市东北部山区，区内需水量很少，而滹沱河流域上游则缺水严重，存在供需矛盾突出的问题。水资源的地区分布与人口、耕地的分布不相适宜。

地下水超采严重，水资源利用率低。一方面近年来忻州城市发展较为迅速，日益增多的人口和工程用水量逐步增多。为了保障国民经济发展用水要求，依靠大中型水利枢纽地表水供水量并没有减少，大量的地下水超采，挤占了原有的生态环境水量。另一方面忻州市本身水资源利用能力相对欠缺，节水型发展仍在普及阶段，也造成了水资源的匮乏。

生态基流(水位)不稳定。忻州市偏关河、朱家川河和牧马河存在断流现象，其中2019年偏关河断流353 d、朱家川河断流255 d、牧马河断流56 d，河道基流不足。2020年忻州市农业灌溉占总用水量的59%以上，生态用水仅9.9%，水资源的过度开发与不合理利用，与流域内径流量年内分布不均的特点叠加，造成部分支流生态流量不足，河流的生态环境功能受到影响。

2.2 社会经济概况

2.2.1 行政区划

忻州市现辖1区1市12县和五台山风景名胜区、忻州、原平2个省级经济开发区。1 区：忻府区，1 市：原平市，12 县：定襄、五台、代县、繁峙、宁武、静乐、神池、五寨、岢岚、河曲、保德、偏关。全市有 6 个街道办事处、185 个乡镇（59 镇、126 乡），4 888 个行政村，市政府驻忻府区。

忻府区辖 3 个街道办事处，6 个镇，11 个乡，394 个村委会，497 个自然村。3 街道6 镇11 乡为秀容街道、长征街街道、新建路街道，播明镇、奇村镇、三交镇、庄磨镇、豆罗镇、董村镇，曹张乡、高城乡、秦城乡、解原乡、合索乡、阳坡乡、兰村乡、紫岩乡、西张乡、东楼乡、北义井乡。区政府驻秀容街道。

原平市辖 3 个街道办事处，7 个镇，11 个乡，520 个行政村，531 个自然村。3 个街道办事处为北城街道、南城街道、轩煤矿区街道。7 个镇为东社镇、苏龙口镇、崞阳镇、大牛店镇、闫庄镇、长梁沟镇、轩岗镇。11 个乡为新原乡、南白乡、子干乡、中阳乡、沿沟乡、大林乡、西镇乡、解村乡、王家庄乡、楼板寨乡、段家堡乡。市政府驻北城街道。

定襄县辖 3 个镇，6 个乡，155 个行政村。3 镇 6 乡为河边镇、宏道镇、晋昌镇，蒋村乡、受录乡、南王乡、神山乡、季庄乡、杨芳乡。县政府驻晋昌镇。

五台县辖 6 个镇，13 个乡，573 个村委会，768 个自然村。6 镇 13 乡为台城镇、台怀镇、豆村镇、耿镇、白家庄镇、东冶镇，灵境乡、神西乡、东雷乡，沟南乡、门限石乡、茹村乡、蒋坊乡、陈家庄乡、高洪口乡、屋腔乡、石嘴乡、阳白乡、建安乡。县政府驻台城镇。

代县辖 6 个镇，5 个乡，377 个村委会。6 镇 5 乡为上馆镇、阳明堡镇、峨口镇、聂营镇、枣林镇、滩上镇，新高乡、峪口乡、磨坊乡、胡峪乡、雁门关乡。县政府驻上馆镇。

繁峙县辖 3 个镇，10 个乡，432 个村委会，1 780 个村民小组，489 个自然村。3 镇10 乡为繁城镇、砂河镇、大营镇，下茹越乡、杏园乡、光裕堡乡、集义庄乡、东山乡、金山铺乡、柏家庄乡、横涧乡、神堂堡乡、岩头乡。县政府驻繁城镇。

宁武县辖 4 个镇，10 个乡，464 个行政村，473 个自然村。4 镇 10 乡为凤凰镇、阳方口镇、东寨镇、石家庄镇，薛家洼乡、余庄乡、涔山乡、化北屯乡、西马坊乡、新堡乡、迭台寺乡、圪廖乡、怀道乡、东马坊乡。县政府驻凤凰镇。

静乐县辖4个镇,10个乡,381个行政村,450个自然村。4镇10乡为鹅城镇、杜家村镇、康家会镇、丰润镇,双路乡、段家寨乡、神峪沟乡、王村乡、赤泥洼乡、堂尔上乡、中庄乡、辛村乡、娑婆乡、娘子神乡。县政府驻鹅城镇。

神池县辖3个镇,7个乡,241个村委会,251个自然村。3镇7乡为龙泉镇、义井镇、八角镇,东湖乡、太平庄乡、虎北乡、贺职乡、长畛乡、烈堡乡、大严备乡。县政府驻龙泉镇。

五寨县辖3个镇,9个乡,1个居民委员会,235个村委会。3镇9乡为砚城镇、小河头镇、三岔镇,前所乡、李家坪乡、孙家坪乡、梁家坪乡、胡会乡、新寨乡、韩家楼乡、东秀庄乡、杏岭子乡。县政府驻砚城镇。

岢岚县辖2个镇,10个乡,202个村委会,339个自然村。2镇10乡为岚漪镇、三井镇,神堂坪乡、高家会乡、李家沟乡、水峪贯乡、西豹峪乡、温泉乡、阳坪乡、大涧乡、宋家沟乡、王家岔乡。县政府驻岚漪镇。

河曲县辖4个镇,9个乡,1个居民办事处,341个村委会,9个居委会。4镇9乡为文笔镇、楼子营镇、刘家塔镇、巡镇,鹿固乡、前川乡、单寨乡、土沟乡、旧县乡、沙坪乡、社梁乡、沙泉乡、赵家沟乡。县政府驻文笔镇。

保德县辖4个镇,9个乡,1个居民办事处,341个村委会,9个居委会。4镇9乡为东关镇、桥头镇、义门镇、杨家湾镇,腰庄乡、韩家川乡、林遮峪乡、冯家川乡、土崖塔乡、孙家沟乡、窑洼乡、窑圪台乡、南河沟乡。县政府驻东关镇。

偏关县共辖4个镇,6个乡,247个行政村、429个自然村。4镇6乡为新关镇、天峰坪镇、老营镇、万家寨镇,窑头乡、楼沟乡、尚峪乡、南堡子乡、水泉乡、陈家营乡。县政府驻新关镇。

2.2.2 人口与城镇化发展概况

根据《忻州市2020年国民经济和社会发展统计公报》统计,2020年年末忻州市全市常住人口268.3万人,其中,城镇常住人口144.07万人,占常住人口比重(常住人口城镇化率)为53.7%。2020年,忻州市脱贫攻坚实现决战决胜。截至2020年末，忻州市11个贫困县全部摘帽，2 222个贫困村全部退出，45.7万贫困人口全部达到脱贫标准，贫困发生率由建档立卡初期的23.6%降为现在的0。全市建档立卡贫困人口人均纯收入从2015年的2 636元增加到2020年的10 230元，年均增长31.2%，贫困群众稳定增收途径持续拓宽，自主脱贫能力稳步提高。

2.2.3 经济发展与产业结构概况

根据《忻州市2020年国民经济和社会发展统计公报》统计，2020年忻州市全市生产总值1 034.6亿元，按不变价格计算，比上年增长4%。其中，第一产业增加值84.2亿元，增长3.6%，占生产总值的比重8.1%；第二产业增加值448.5亿元，增长6.4%，占生产总值的比重43.4%；第三产业增加值501.9亿元，增长2.3%，占生产总值的比重48.5%。见图2.2.1、图2.2.2。

2020年，忻州市工业增加值416.2亿元，比上年增长6.9%，规模以上工业增加值增长7.4%。忻州市着力构建现代产业体系，转型升级势头较好，传统产业加快改造提升，全市非煤工业占全市规模以上工业比重达到56.7%，比上年提高4.1%，其中制造业增加值同比增长6.9%，高于规模以上工业增加值增速4.8%。战略性新兴产业加快发展，工业增加值同比增长0.2%，引进中科晶电、华晶恒基、山西兆凯等企业，努力打造半导体产业集群。忻州市注重激发动力活力，重点领域改革深入推进，

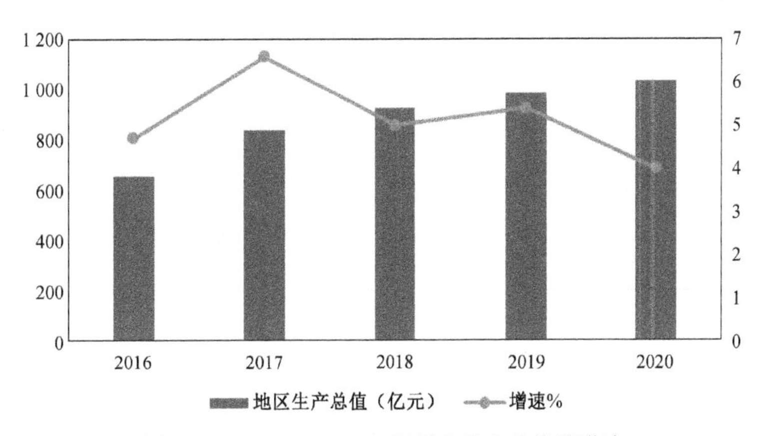

图2.2.1 2016—2020年忻州市生产总值及增速

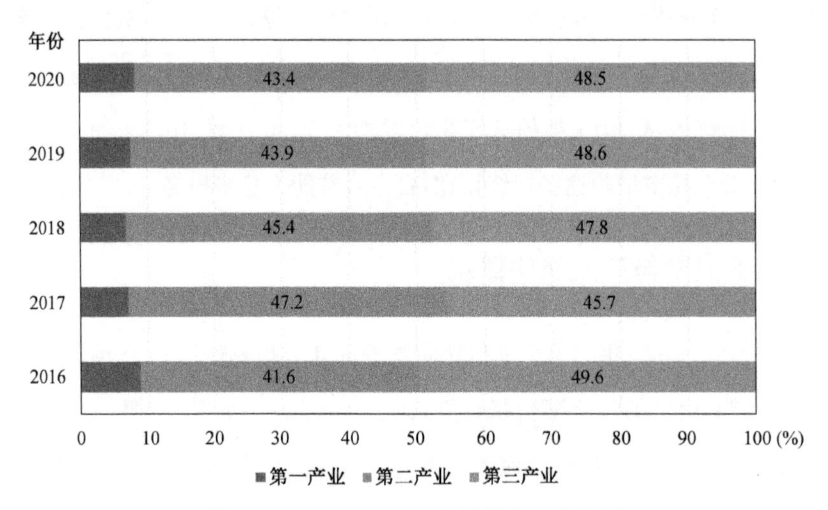

图 2.2.2　2016—2020 年忻州市三产比例

2020 年,累计退出煤炭落后产能 150 万 t/a,先进产能占比达 78.9%。新增 29 户电力直接交易企业。

2.2.4　文化旅游资源

忻州位于黄土高原核心区,拥有长城、芦芽山、老牛湾、乾坤湾、娘娘滩、晋陕大峡谷等众多优质自然资源。独特的自然地理环境和人文资源,孕育了华北地区一流的气候资源、森林资源、温泉资源、小杂粮资源等旅游资源。

忻州作为山西省乃至全国范围内同时拥有黄河、长城、太行三大国家级文化品牌的城市,借助黄河、长城、太行承载了中国上下几千年的历史情怀、民族情怀、家国情怀,成为一条深邃厚重、纵横万年的文化走廊。

全市共有各类旅游景区景点 294 处,其中世界文化景观遗产 1 处,国家历史文化名城 1 处,国家级自然保护区 1 处,国家级森林公园 4 处,忻州市国家级文物保护单位 20 处,省级重点文物保护单位 47 处,各类文物 19 780 处(件)。近几年来,初步形成了以五台山为龙头的五大旅游景区。

2.2.5 矿山开发情况

忻州市矿产资源丰富，目前已知矿产50多种，已查明资源储量的矿种33种，其中铁、铝土矿、金、煤、金红石、白云岩、高岭岩、水泥灰岩等是优势矿产，并在忻州市经济发展中占有重要地位，储量名列全省前列的有铁、钼、金、铝土矿、金红石、铁矾土、白云岩7种矿产，其中金、铁、钼、金红石名列全省首位。到2020年，全市原煤产量控制在7 000万t，煤层气产量到15亿 m^3/a，铁矿石产量控制在2 000万t/a，铝土矿产量控制在480万t/a，钼矿产量到30万t/a，金矿石产量达到30万t/a。

全市共有持证矿山436座，部省发证矿山171座，市县发证矿山265座。其中包括贵金属矿山12座，黑色金属矿山96座，建材及其他非金属矿山208座，能源矿山65座，冶金辅助原料非金属矿山44座，有色金属矿山11座。

采空区面积共191.13 km^2，其中煤矿采空区160.2 km^2；非煤采空区30.93 km^2；露天开采面积124.72 km^2。

3

生态状况评价

3.1 生态功能分区

3.1.1 主体功能区划

根据《山西省主体功能区规划》，忻州市涉及1个国家级重点生态功能区，涉及省级重点生态功能区2个，分别为黄土高原丘陵沟壑水土保持生态功能区（神池县、五寨县、岢岚县、河曲县、保德县、偏关县）、五台山水源涵养生态功能区（五台县、繁峙县），吕梁山水源涵养及水土保持生态功能区（宁武县、静乐县）。

黄土高原丘陵沟壑水土保持生态功能区的主要功能定位为：黄河中游干流水土流失控制的核心区域，黄河中下游生态安全保障的关键区域，黄土高原水土流失治理的重点区域；五台山水源涵养生态功能区的主要功能定位为：滹沱河上游及其支流的水源涵养区；吕梁山水源涵养及水土保持生态功能区主要功能定位为：汾河、北川河、桑干河水源涵养区。总面积约为18 071万 km^2，占全市国土面积的71.76%。

3.1.2 山西省生态功能区划

根据《山西省生态功能区划》，忻州市共分为5个一级生态区、8个生态亚区、9个生态功能区。其中5个生态区分别为西部山地暖温带落叶针叶林与灌丛生态区

(6 865.5 km^2)、晋西黄土丘陵生态区(6 092.41 km^2)、晋北山地丘陵盆地温带半干旱草原生态区(2 515.25 km^2)、中部盆地农业生态区(5 576.60 km^2)、东部太行山山地丘陵暖温带落叶阔叶林灌草丛生态区(4 116.54 km^2)。详见表 3.1.1。

表 3.1.1 忻州市涉及生态功能区情况

生态区	生态亚区	生态功能区	面积(km^2)
西部山地暖温带落叶针叶林与灌丛生态区	吕梁山山地落叶针叶林与灌丛生态亚区	管涔山汾河源头水源涵养与生物多样性保护生态功能区	6 165.10
	吕梁山山间盆地黄土丘陵生态亚区	汾河上游水库调蓄与水土保持生态功能区	700.40
晋西黄土丘陵生态区	晋西北部黄土丘陵温带半干旱草原生态亚区	河保偏黄土丘陵农牧业与煤炭开发及水土保持生态功能区	2 515.00
		神池五寨宽谷丘陵农林牧业与风沙控制生态功能区	3 577.41
晋北山地丘陵盆地温带半干旱草原生态区	晋西北山地丘陵灌木草原生态亚区	黑驼山山地丘陵生态畜牧业与林业生态功能区	1 705.62
	大同盆地农牧业生态亚区	朔平台地煤炭开发与风沙控制及农林牧业生态功能区	240.72
	恒山山地丘陵森林草原生态亚区	恒山山地水源涵养与自然景观生态功能区	568.91
中部盆地农业生态区	滹沱河流域农业生态亚区	忻州城镇发展与盆地农林业生态功能区	5 576.60
东部太行山山地丘陵暖温带落叶阔叶林灌草丛生态区	太行山山地丘陵落叶阔叶林与农牧业生态亚区	五台山自然与文化遗产保护与水源涵养生态功能区	4 116.54

3.1.3 城市总体规划

根据《忻州市城市总体规划(2016—2030)》第35条生态环境分区：将全市自西向东划分为河保偏水土保持综合治理区、神五岢防风固沙综合治理区、宁静水源保护涵养区、忻定盆地环境污染重点监督监控区、五台山人文生态严格保护区。

1. 河保偏水土保持综合治理区

具体包括河曲、保德、偏关等三县。其生态环境建设的主要任务：

以水土保持为重点，实施水土流失综合治理工程，积极营造水源涵养林和水土保持林，保护天然林，到规划期末，水土流失治理度达到60%左右。

加强生态环境保护，积极营造公益林，基本实现村镇绿化和道路绿化；加强区内原有森林公园和自然保护区公益林的保护和建设，进一步提高生态环境的自我恢复能力；新建城镇垃圾与污水处理设施，以及与煤炭生产相配套的煤矸石综合利用电厂，根治“边治理、边破坏”现象，发展循环经济。

2. 神五岢防风固沙综合治理区

具体包括神池、五寨、岢岚等三县。其生态环境建设的主要任务：

大面积造林种草，营造京津风沙林屏障。规划期内增加人工造林面积，重点推进荒山造林、退耕还林和封山育林；加快环境美化与公益林建设步伐，基本实现村镇、道路绿化。

实施生态农业工程，以雁门关生态农业区建设为契机，将退耕还林、还草与发展林果、畜牧生态农业相结合，积极培植种草示范户、规模养殖户。使本区成为防风固沙与生态恢复治理的试验基地。

3. 宁静水源保护涵养区

具体包括宁武和静乐两县。其生态环境建设的主要任务：

建设塬面、沟坡和沟道防护林体系，水土流失治理度平均达60%以上，进一步控制水土流失。实施公益林建设工程，严格保护森林公园及自然保护区。

严格执行开发与保护并重原则，加大环境污染治理力度。新建煤矸石综合利用电厂，延伸煤炭产业链；提高对工矿城镇污水、垃圾处理能力；解决本区高耗水工业用水与生态农业发展用水的矛盾，制止水污染。

实施生态农业工程，扶持庭院生态建设和汾河经济林带的建设，规划期内以汾河沿线村镇为基地，建设集沼气、果园、大棚、养殖、旱井于一体的农业开发模式，建设各种经济林，并形成干果种植、加工和销售一体化“生态工业”模式和林业产业化模式，建成水土预防保护与生态农业建设的省市级试验基地。

4. 忻定盆地环境污染重点监督监控区

具体指忻定盆地地区。其生态环境整治的主要任务：

城镇垃圾与污水的防治与治理。积极建设各城镇污水处理厂，污水处理率达到60%～70%；积极新建卫生填埋式生活垃圾无害化处理厂，生活垃圾分类收集率达30%～40%，回收利用率达20%～30%，无害化处置率达到85%。

工矿环境整治。解决煤矸石综合利用、矿区复垦以及工业“三废”处理等问题，加快矿区周边环境的绿化美化，使工矿开发生态破坏的恢复治理率达到25%以上，煤矸石综合利用达到100%，杜绝“边开发、边污染”，避免“边治理边破坏”。

强化立法管理，严格执行《地表水环境质量标准》(GB3838—2002)、《污水综合排放标准》(GB 8978—1996)、《城镇污水处理厂污染物排放标准》(GB 18918—2002)等法律法规，采取关闭停产等措施，加大对有污染工业企业的立法管理和整治。

加大水资源利用保护的力度，大力缓解区域工农业和城市用水之间的矛盾。充分利用区域水利工程建设，以水利工程为基地实施绿化美化环境为主的公益林工程，实现开发与保护协调的发展。

5. 五台山人文生态严格保护区

具体指五台山山地区，规划建议对其实行整体性保护，重点加强对五台山佛教古建文化景观资源的保护和修复。

3.2 生态保护红线

忻州市生态保护红线范围共 6 940.29 km^2，占全市面积的 27.58%，分布在全市各区县，涵盖了水源涵养、生物多样性维护、水土保持功能极重要区，水土流失、土地沙化、石漠化极敏感区，自然保护区核心区、缓冲区和部分实验区、森林公园的生态保育区和核心景观区，风景名胜区的一级保护区，地质公园的地质遗迹保护区、世界自然遗产的核心区、湿地公园的湿地保育区和恢复重建区、饮用水水源地保护区的一级保护区、水产种质资源保护区的核心区等法定保护区域，以及极小种群物种分布栖息地、国家一级公益林、重要湿地等各类保护地。

忻州市生态保护红线管控区域主要分布在忻州西部芦芽山地区及东部五台山地区，主要类型有水源涵养生态保护红线、生物多样性维护生态保护红线、水土保持生态保护红线、防风固沙生态保护红线等。

水源涵养生态保护红线，主要分布在宁武、静乐、原平和忻府区等区县(市)，总管控面积为 234.46 km^2，占全生态保护红线管控总面积的 3.76%。主要保护森林、湿地、河流生态系统以及保护物种栖息地，维护水源涵养功能，加强地质灾害防治和水土流失治理。

生物多样性维护生态保护红线。主要分布在岢岚、五寨、神池、繁峙、代县、五台等区县，总管控面积为 4 789.89 km^2，占全市生态保护红线管控总面积的76.76%。主要保护森林、草地、湿地生态系统以及重要物种的栖息地，增强生物多样性维护功能，构筑区域生态屏障。

水土保持生态保护红线。主要分布在忻州西部的偏关、河曲、保德沿黄河三县以及神池、五寨、岢岚等区县，总管控面积为 1.88 km^2，占全市生态保护红线管控总面积的 0.03%。主要保护森林、湿地、河流生态系统以及保护物种栖息地、维护水土保持功能，保障库区水质安全。

防风固沙生态保护红线。主要分布在偏关县、神池县、河曲县、五寨县以及代县北部，总管控面积为 1 214.06 km²，占全市生态保护红线管控总面积的19.46%，主要保护以脆弱的草原生态系统和林草交错区过渡地带为主，具有极其重要的防风固沙功能。

忻州市生态红线分区面积如表 3.2.1 所示。

表 3.2.1　忻州市生态红线分区面积

地区	红线面积（km^2）	红线比例（%）
原平市	179.02	2.87
偏关县	459.83	7.37
保德县	237.64	3.81
河曲县	339.83	5.45
岢岚县	620.76	9.95
五寨县	348.20	5.58
神池县	332.39	5.33
静乐县	334.41	5.36
宁武县	593.61	9.51
繁峙县	555.73	8.91
代县	240.28	3.85
五台县	1 140.11	18.27
定襄县	170.02	2.72
忻府区	688.47	11.03

3.3　生态现状评价

3.3.1　自然保护地体系

忻州市已形成了“自然保护区—自然公园”的自然保护地体系，其中自然公园包括了风景名胜区、森林公园、地质公园、湿地公园、沙漠公园等。

1. 自然保护区

忻州市共有5处自然保护区，其中1处国家级自然保护区，为芦芽山自然保护区，4处省级自然保护区，分别为五台山高山草甸自然保护区、臭冷杉自然保护区、云中山自然保护区及贺家山自然保护区，如表3.3.1所示。

表3.3.1　忻州市自然保护区列表

序号	名称	涉及乡村	批准时间	批准文号	级别	总面积（hm^2）
1	芦芽山自然保护区	宁武县涔山乡、东寨镇、迭台寺乡、西马坊乡；五寨县前所乡	1997.12	国函〔1997〕109号	国家级	21 617
2	臭冷杉自然保护区	繁峙东山乡和岩头乡	2002.06	晋政函〔2002〕124	省级	23 849.7
3	云中山自然保护区	忻府区阳坡乡、三交镇、合索乡和奇村镇	2002.06	晋林护发〔2002〕119号	省级	39 800
4	贺家山自然保护区	保德县窑洼乡、南河沟乡、孙家沟乡	2005.04	晋函〔2005〕200号	省级	18 622.15
5	五台山高山草甸自然保护区	五台山风景区与繁峙县交界处	—	—	省级	3 336.53
合计						107 225.38

2. 风景名胜区

忻州市的风景名胜区包括：五台山风景名胜区、芦芽山风景名胜区、代县赵杲观风景名胜区、原平天牙山风景名胜区和偏关老牛湾风景名胜区，如表3.3.2所示。

表3.3.2　忻州市风景名胜区列表

序号	名称	涉及乡村	批准时间	批准文号	级别	总面积（hm^2）
1	五台山风景名胜区	五台山台怀镇、金岗库乡、石咀乡；五台县豆村镇、灵境乡；繁峙县岩头乡、东山乡、神堂堡乡等	1982.12	国发〔1982〕136号	国家5A级	60 743

（续表）

序号	名称	涉及乡村	批准时间	批准文号	级别	总面积（hm^2）
2	宁武县芦芽山风景名胜区	宁武县涔山乡、东寨镇、迭台寺乡、西马坊乡等	2011.05	晋政函〔2011〕149号	省级	32 100
3	代县赵杲观风景名胜区	新高乡青社、东沟、大洼梁、龙巴村、教场梁、探马石村	2005.01	晋政函〔2005〕5号	省级	4 500
4	原平天牙山风景名胜区	子干乡张家庄、停旨头、坦庄；中阳乡峙峪村	2014.12	晋政函〔2014〕99号	省级	1 068
5	偏关老牛湾风景名胜区	偏关县万家寨、东长咀、柏林峁、老牛湾、井儿上等	2014.12	晋政函〔2014〕99号	省级	2 100
合计						100 511

3. 森林公园

忻州市共有10个森林公园，其中4个国家级、6个省级，详见表3.3.3。

表3.3.3 忻州市森林公园列表

序号	名称	涉及乡村	批准时间	批准文号	级别	总面积（hm^2）
1	五台山国家森林公园	五台山风景区台怀镇	1992.09	林造批字〔1992〕154号	国家级	19 133.33
2	赵杲观国家森林公园	新高乡洪寺、张仙堡、龙巴、交口、青社、上庄、同盟、赵家湾等村	1992.11	林造批字〔1992〕200号	国家级	4 704.05
3	禹王洞国家森林公园	忻府区董村镇、紫岩乡、西张乡、豆罗镇、庄磨镇、三交镇	1992.11	林造批字〔1992〕200号	国家级	7 333.33
4	山西省管涔山森林公园	宁武县东寨镇、涔山乡、迭台寺乡、西马坊乡；五寨县前所乡共148个自然村	1992.09	林造批字〔1992〕154号	国家级	43 440
5	山西省马营海森林公园	余庄乡海子背村等	1994.06	晋林管字〔1994〕163号	省级	1 333

（续表）

序号	名称	涉及乡村	批准时间	批准文号	级别	总面积（hm²）
6	山西省五峰山森林公园	原平市中阳乡、子干乡、苏龙口镇井沟等7村村	2006.11	晋政函〔2006〕186号	省级	3 300
7	山西省岚漪森林公园	岚漪镇、王家岔乡、阳坪乡、西豹峪乡5个村	2006.11	晋政函〔2006〕186号	省级	2 421.06
8	山西省飞龙山森林公园	东关镇佘家梁村、新尧村	2009.12	晋政函〔2009〕152号	省级	1 374.15
9	山西省清水河森林公园	五台县门限石乡、灵境乡、驼梁风景区	2006.11	晋林园发〔2006〕187号	省级	4 228.5
10	代县馒头山森林公园	代县磨坊乡	2016.11	晋政函〔2009〕153号	省级	2 015.1
合计						89 282.52

4. 湿地公园

忻州市湿地公园共5个，其中国家级湿地公园1个（静乐汾河川湿地公园）、省级湿地公园4个（忻府区滹沱河湿地公园、宁武县马营海湿地公园、神池县西海子湿地公园、河曲县黄河省级湿地公园）。详见表3.3.4。

表3.3.4 忻州市湿地公园列表

序号	名称	涉及乡村	批准时间	批准文号	级别	总面积（hm²）
1	静乐汾河川湿地公园	静乐县鹅城镇、神峪沟乡、丰润镇	2014.12	林湿发〔2014〕205号	国家级	593.85
2	忻府区滹沱河湿地公园	忻府区高城乡、曹张乡4个村	2009.12	晋林保发〔2009〕225号	省级	442.6
3	宁武县马营海湿地公园	宁武县余庄乡、迭台寺乡	2010.07	晋林保发〔2010〕122号	省级	2 125
4	神池县西海子湿地公园	神池县龙泉镇、东湖乡	2009.12	晋林保发〔2009〕225号	省级	200
5	河曲县黄河省级湿地公园	楼子营镇（娘娘滩、河湾）和西口镇（唐家会、铁果峁、南元、北元、焦尾城）共7村	2020.10	晋林保发〔2020〕48号	省级	623.87
合计						3 985.32

5. 地质公园

忻州市的地质公园共3个，包括2个国家级、1个省级，分别为五台山国家地质公园、宁武万年冰洞国家地质公园和原平天牙山地质公园，列表详见3.3.5。

表3.3.5 忻州市地质公园列表

序号	名称	涉及乡村	批准时间	批准文号	级别	总面积（hm^2）
1	原平天牙山地质公园	子干乡张家庄、停旨头、坦庄；中阳乡峙峪村	2005.09	国土资发〔2005〕187号	省级	2 720
2	五台山国家地质公园	台怀镇、金岗库乡、石咀乡、豆村镇、灵境乡	2005.09	国土资发〔2005〕187号	国家级	46 600
3	宁武万年冰洞国家地质公园	宁武县涔山乡、东寨镇、西马坊乡、余庄乡、新堡乡	2005.09	国土资发〔2005〕188号	国家级	31 544
合计						80 864

6. 沙漠公园

忻州市有1个国家级沙漠公园：偏关林湖国家沙漠公园，位于偏关县新关镇塔梁，规划面积574.04 hm^2。

3.3.2 水土流失

忻州境内丘陵起伏，沟壑纵横，地形破碎，高低悬殊，加之降水集中且多暴雨，地面植被覆盖差，故而水力侵蚀严重，径流多泥沙。

根据《全国水土保持规划国家级水土流失重点预防区和重点治理区复核划分成果》，忻州市域内黄河流域属于国家级水土流失重点区中的黄河多沙粗沙国家级水土流失重点治理区，海河流域属于永定河上游国家级水土流失重点治理区和太行山国家级水土流失重点治理区。

造成流域内水土流失的主要原因是自然界土壤组成及地形地貌的形态受风雨侵蚀的作用。土石山区年降雨量550 mm，风速20 m/s；黄土丘陵沟壑区平均年降雨量450 mm，风速30 m/s，且暴雨相对集中在七、八、九三个月，占到全年总量的

63.3%，因而水土流失比较严重。境内水土流失主要是面蚀、沟蚀和重力侵蚀，溯源侵蚀和风力侵蚀比较轻微。侵蚀的形态多为鱼鳞状、斑网线形、沟头岸坡滑塌、沟道下切等。

近年来，忻州市全力实施京津风沙源治理、退耕还林、“三北”防护林、“两山”绿化等国家重点林业生态工程以及国家汾河中上游山水林田湖草生态保护修复试点项目、淤地坝除险加固工程、坡耕地水土流失综合治理等国家水土保持重点项目，忻州市黄河流域 8 县累计治理水土流失面积 6 469 km^2，占总流域面积的 52.2%。

3.3.3 生物多样性

生物多样性是指一定范围内多种多样活的有机体（动物、植物、微生物）有规律地结合所构成稳定的生态综合体，既体现了生物之间及环境之间的复杂关系，又体现了生物资源的丰富性。据调查，忻州市尚未做统一的全市范围的生物多样性背景值调查统计，仅做过如汾河上游、管涔山地区或单项如水生生物的生物多样性调查。

1. 物种多样性

物种多样性是指地球上动物、植物、微生物等各类生物的丰富程度，是衡量一个地区生物资源丰富程度的客观指标之一。

1）植物

① 植物种类。据多年来的野外调查发现，区内共有高等植物 107 科 340 属 599 种（含变种），分别占山西省高等植物科、属、种的 54.9%，7.6%，23.9%。其中，裸子植物 3 科 7 属 8 种；子植物 72 科 274 属 494 种，苔藓植物 25 科 47 属 75 种，蕨类植物 7 科12 属 22 种（含变种）。

② 不同海拔植物多样性。森林植物垂直带明显，海拔 1 200 ～1 500 m 为低山灌丛、农作区及水域带，其灌丛组成与低中山带相似。本带主要为农作区，林木有杨、柳、杏等阔叶树种。海拔 1 400 ～1 800 m 为低中山疏林灌丛带，乔木主要有云杉、油松、栎类、桦、山杨、华北落叶松等，灌木主要为沙棘、胡榛子，此外还有莜麦、山药、豌豆等农作物。海拔 1 820 ～2 680 m 为境内森林的主要分布地带，植被类型为

高中山针叶林带及错落的高山灌丛，叶树种有云杉、华北落叶松等，灌木树种有鬼见愁、锦鸡儿、高山绣线菊等，是优良的天然牧场。

2）动物

管涔山区独特的生态环境为许多珍禽异兽创造了良好的生存条件，加之山西省地处世界候鸟八大迁徙通道之一的东亚—澳洲迁徙通道上。因此，区内动物种类繁多，在不同海拔地带其分布特征也不同。

区内鸟兽共163种，且垂直分布类型明显，在低山农区、灌丛、水域带多为典型的裸栖性种类，低中山针阔混交林带以鸟类和啮齿类动物较为常见，中山针叶林带动物种类和数量在全区所占比重最大，资源及保护动物主要分布在此区，亚高山草甸带动物种类较为贫乏。林区内主要保护动物有国家一级保护动物金钱豹、褐马鸡、黑鹳，国家二级保护动物长耳、白腹黑啄木鸟、麝等；其他动物有猪獾、果狸、豹猫、野猪等。

除丰富的野生动植物资源外，区内的菌类资源也十分丰富，现已查明的大型真菌菌类共有9目28科50属75种。包括红银盘、白银盘、羊肚菌、木耳等食用菌和灵芝、猴头、猪苓等药用菌。

2. 生态系统多样性

生态系统是各种生物与其周围环境所构成的自然综合体，所有的物种都是生态系统的组成部分。

1）陆地生态系统

管涔山陆地自然生态系统类型繁多，主要有森林、灌丛、亚高山草甸生态系统等。

① 森林自然生态系统。面积广阔，主要分布在芦芽山、林溪山、楼子山、秋千沟、大庙、大梁上6处。

林区中植被较完整，植物资源丰富，林相夺华北之冠，素有“华北落叶松故乡”的美誉。树种组成以云杉、华北落叶松为主，大部分为天然次生林，具有华北植物种群的典型特征。

② 灌丛生态系统。主要分布于中低山地带和亚高山地带，在中低山地带的灌丛分布广，种类较多，沙棘群丛、三裂绣线菊群丛分布最广。

③ 亚高山草甸生态系统。主要分布在海拔 2 300 m 以上的高山台地上，有马仑草原、荷叶坪、摩天岭、龙王垴等 4 处，每草甸规模约 667 hm^2。

2) 水域生态系统

管涔山区的水域生态系统包括湖泊、河流、水库等。湖泊水域生态系统主要包括天池、元池、鸭子海、琵琶海、干海、老师傅海等，分布在海拔近 2 000 m 的高山上。河流水域生态系统主要有汾河和恢河(桑干河的上游)2 个大的流域。除此之外，管涔山境内有 34 条较大的山谷，基本上沟沟有水流，是境内淡水的主要来源，同时也控制了地表径流。自然泉瀑主要包括大庙瀑布、达摩庵五连瀑、回春谷十真泉、楼子山雷鸣寺泉、暖水河泉等，共有 50 余处。

根据文献检索及现场调查，忻州市水生生物主要包括以下几类：

(1) 鱼类

汾河鱼类物种数最多，桑干河最少，但桑干河鱼类在数量上最多。所属科类中，鳅科、鲤科、鰕虎鱼科鱼类在汾河流域、桑干河流域、滹沱河流域均有分布，青鳉科在海河流域的三个流域调查到，胡瓜鱼科、鳢科、鲶科分布较少，仅在个别流域调查到。优势种中麦穗鱼分布最广，为优势物种。汾河流域整体上支流鱼类数量少于干流，上游低于下游。桑干河在东榆林水库以下河段、册田水库以下河段鱼类较为丰富。滹沱河代县至定襄县河段鱼类较多。

(2) 底栖动物

汾河流域中汾河水库下游河段底栖动物密度及生物量较高，但多样性较低，主要为中华米虾，支流岚河多样性较其他河段好。桑干河流域东榆林水库下游河段底栖动物密度及生物量较高，在干流应县河段、浑河浑源县以下河段密度同样较高，但多样性较低，分别存在大量的摇蚊幼虫及水丝蚓。滹沱河流域在定襄县、娘子关河段密度及生物量较高。各优势物种中，中华米虾在除滹沱河外的其他流域均为优势种，其余优势种差异较大。

（3）浮游生物

汾河物种数最多，桑干河在密度及生物量上最高，其中，蓝藻门、硅藻门、绿藻门、甲藻门、裸藻门、隐藻门6门在各个流域均有分布，黄藻门、金藻门分布较少，且均以硅藻门密度及生物量组成比例最大，绿藻门次之。各流域浮游动物均以原生动物、轮虫种类，密度及生物量最多，枝角类、桡足类较少，优势类群也主要以原生动物为主，桑干河优势类群还包括桡足类的无节幼体，滹沱河包括轮虫中的萼花臂尾轮虫。汾河、桑干河的浮游动物在密度及生物量上较高。汾河流域干流大于支流，但多样性不高。桑干河除恢河河段较低外，其余河段均较高。滹沱河代县、原平、牧马河河段的浮游动物密度及生物量较低，且牧马河河段多样性极低，物种极贫乏。

（4）着生藻类

各流域中，桑干河及滹沱河着生藻类的密度及生物量较高。对于汾河流域，在汾河水库上游河段密度及生物量较高，但多样性不高。桑干河流域中虽然支流牧马河的着生藻类密度及生物量较高，但多样性较低，物种较为贫乏。滹沱河在下茹越水库下游、代县河段密度及生物量较高，但原平市、定襄县河段多样性最高。

（5）水生植物

各流域水生植物分布较广，汾河干流静乐段湿地公园两岸人工种植较多挺水型或湿生植物，干流大留村、潇河河段处分别存在较多穿叶眼子菜、竹叶眼子菜，浍河河段的芦苇及香蒲较多；桑干河中，浑河河段有较多芦苇；滹沱河代县桥河段两岸挺水型植被较多。山西省重点保护经济型水生植物包括8种，分别为菱、芦苇、水芹、荸荠、慈姑、水烛、芡实、莲。

根据2019年生态环境部黄河流域生态环境监督管理局调查数据，对比20世纪80年代，黄河流域有鱼类130种，其中土著鱼类24种，濒危鱼类6种；到21世纪初，干流鱼类仅余47种，土著鱼类15种，濒危鱼类3种，流域生物多样性减少，这与河道沿线存在硬质岸坡、缓冲带受到侵占，导致水生生态系统功能受损，河道自净能力降低密切相关。

3.3.4 矿山地质环境问题

1. 问题

忻州市矿山地质环境受采矿活动影响，遭到一定程度的破坏，因采矿造成的矿山地质环境问题包括：矿山地质灾害、地形地貌景观破坏及占用破坏土地资源和含水层破坏等。

1）矿山地质灾害

忻州市矿山地质灾害类型主要为地面塌陷、地裂缝，共计 72 处，破坏面积约 48.87 km^2，造成土地资源破坏，直接经济损失约 1 762.75 万元。

存在潜在崩塌、滑坡、泥石流地质灾害隐患点 65 处，威胁人数 470 人，威胁财产约 9 650 万元。地质灾害隐患危及群众生命财产安全，应作为优先治理的矿山地质环境问题。

2）地形地貌景观破坏及土地资源占用或破坏

忻州市采矿活动共计破坏各类土地 26 961.998 7 hm^2，治理面积共计 15 889.798 7 hm^2，历史遗留矿山地质环境问题 11 072.2 hm^2。其中破坏林地 1 912.75 hm^2，草地 3 779.77 hm^2，耕地 2 165.01 hm^2，其他地类 3 214.655 hm^2。其中崩塌、滑坡共 65 处，损毁土地面积约 208.3 hm^2；地面塌陷、地裂缝共 72 处，损毁土地面积约 4 887.205 hm^2；露天采场、露天采坑 271 处，损毁土地面积约 2 835.13 hm^2；工业广场 211 处，压占土地面积 2 179.57 hm^2；废石（土、渣）堆场 229 处，压占土地面积约 603.32 hm^2；排矸场、外排土场 27 处，压占土地面积约 250 hm^2；煤矸石堆 23 处，压占土地面积约 82.68 hm^2；尾矿库 9 处，压占土地面积约 26.415 hm^2。

据调查统计，闭坑、废弃无主矿山各类矿业活动造成地形地貌及土地资源破坏面积 3 318.038 hm^2。

3）含水层破坏

忻州市采矿对地下水含水层的破坏主要分布于采用井工方式开采的煤矿、铝土矿等开采范围内，共造成地下含水层水位下降面积 291.05 km^2。

2. 矿山地质环境恢复治理成效

近年来，忻州市政府高度重视矿山地质环境保护与治理工作，加大资金投入，推进历史遗留矿山地质环境治理工作。自然资源部门积极履行矿山地质环境保护与治理监管职责，推动实施矿山地质环境保护与治理工程，取得了一定的成效。

1）政策法规制度进一步落实

忻州市规划和自然资源局要求各矿山认真贯彻落实《山西省矿产资源管理条例》《山西省地质灾害防治条例》《山西省矿山环境治理恢复基金管理办法》等相关规章制度，制定《忻州市国土资源局关于加快矿山地质环境保护与恢复治理工作的通知》（忻国土资发〔2018〕125 号文）、《忻州市人民政府办公室关于印发进一步规范采矿行为加快矿山地质生态环境恢复治理的通知》（忻政办发〔2019〕23 号文）、《忻州市规划和自然资源局关于加快推进全市矿山地质环境恢复治理工作的通知》（忻自然资发〔2020〕29 号文）等相关政策文件督促矿山地质环境保护与治理工作。

对于新建矿山，必须严格遵循《绿色矿山建设规范》，忻州市出台《关于印发忻州市创建绿色矿山专项行动实施方案的通知》（忻政办发〔2017〕189 号文）、《关于印发忻州市绿色矿山整改创建方案提纲的通知》（忻创绿专发〔2018〕5 号文）、《关于进一步规范绿色矿山建设工作的通知》（忻创绿专发〔2020〕21 号文）等相关政策文件，对生产矿山履行地质环境恢复治理义务、恢复治理基金缴纳、治理方案编制和执行等情况开展监督检查，督促各矿山严格执行矿山地质环境保护与恢复治理方案，履行矿山地质环境恢复治理义务，创建绿色矿山。

2）初步摸清了全市矿山地质环境问题现状

忻州市 2016 年完成了矿山地质环境详细调查工作，调查矿山 635 座，2019 年完成采煤沉陷区调查工作，调查矿山总面积 1 140.217 km^2，2020 年核查持证矿山 436 座，补充调查废弃矿山 71.966 km^2，初步摸清了全市生产、在建、废弃无主矿山的矿山地质环境问题分布、特征及危害。

3）矿山地质环境恢复治理力度进一步加大

近年来忻州市投入大量治理资金，矿山地质环境保护与治理恢复效果显著。全市矿山地质环境恢复治理资金总计投入 32 亿元，分别来自中央奖补资金、地方财政、企业自筹、其他资金来源。主要治理内容为矿山地质灾害、地形地貌景观及土地资源破坏等矿山地质环境问题，治理面积共计 15 889 hm^2。

4）绿色矿山建设成效显著

忻州市自开展绿色矿山建设工作以来，已有 31 家矿山企业达到忻州市绿色矿山标准，11 家矿山企业达到省级绿色矿山标准，8 家矿山企业达到国家级绿色矿山标准。

3. 挑战

1）新时代生态文明建设迫切要求加快推进矿山地质环境恢复治理

深入贯彻落实习近平总书记视察山西时的重要讲话和重要指示，将党的十九大和十九届二中、三中、四中、五中全会精神紧密结合起来，加强生态环境系统保护修复，扎实实施黄河流域生态保护和高质量发展国家战略，推动"山西沿黄地区在保护中开发、开发中保护"，统筹推进山水林田湖草系统治理，做好生态环境保护的"大文章"。始终坚持绿色发展、生态优先，要坚持山水林田湖草一体化保护和修复，坚持治山、治水、治气、治城一体推进。推动形成绿色生产生活方式，高度重视生态文明建设，坚定不移走生态优先绿色发展之路，积极推行矿山地质环境恢复治理工作。

2）矿产资源开发利用不断优化，矿山地质环境问题将有所控制

随着对矿产资源开发管理与地质环境保护力度的不断增强，矿产资源开发利用结构不断优化调整，开采总量得到控制。集约式经营将成为主要的经营方式，一些规模小、效益差、安全隐患多的矿山将被关闭，矿山总数将会减少，矿山地质环境问题将有所控制。

3）历史遗留的矿山地质环境治理任务依然繁重

忻州市历史遗留矿山地质环境问题点多面广，治理难度大，主要表现为露天采场、采坑、地面塌陷等，目前仍有约 10 000 hm^2 损毁土地需要恢复治理，尤其关闭和

废弃矿山形成的矿山地质环境问题共 3 300 hm^2 亟需加大治理力度，矿山地质环境恢复治理任务仍较繁重。

4）矿业权人自觉履行矿山地质环境治理义务的主动性有待提高

部分矿山企业开展矿山地质环境治理的主动意识不强，现行法律法规中对矿山企业不依法履行治理义务的处罚力度不够，导致企业主体责任落实难。

5）矿山地质环境问题“不欠新账”仍有压力

随着生态文明建设的加快推进，各级政府、矿山企业和社会公众的矿山地质环境保护意识将进一步增强，矿山地质环境将有所控制。但矿产资源的持续开发，采矿强度的不断增强，矿山地质环境问题在今后一定时期内仍会存在，“不欠新账”仍有压力。根据《忻州市矿产资源总体规划(2016—2020年)》，到2020年，全市原煤产量控制在7 000万t，煤层气产能达到15亿 m^3/a，铝土矿年度开采总量达到480万t/a，铁矿石产量为2 000万t/a，钼矿产量为480万t/a，金矿产量为30万t/a，预计在规划期内将新增矿山地质环境问题4 300 hm^2。

3.3.5 地质灾害情况

1. 地质灾害隐患现状

“十三五”期间先后开展了繁峙县东山乡伯强沟泥石流地质灾害治理项目三期工程、繁峙县岩头乡峨河支沟泥石流地质灾害综合治理项目等8项(期)地质灾害综合治理工程，通过地质灾害治理工程核销地质灾害隐患点4处，受益人数2 131人。

地质灾害详细调查工作虽已全面完成，但由于近几年采矿、修路、建房切坡等人类工程活动发展迅速，境内地质环境条件改变较大，已不能适应当前地质灾害防治形势。且上一轮地质灾害详细调查对区域地质灾害孕灾地质条件及承灾体调查较少，缺少地质灾害成灾模式的总结，现有地质灾害相关成果缺少地质灾害风险管控对策建议，不能为防灾减灾管理、国土空间规划和用途管制提供准确依据。

地质灾害群测群防监测体系虽已初步建立，但存在灾害监测人员水平有限，资金不到位，监测预警技术手段还不够先进，存在监测数据不能及时上报、更新现象。

忻州市地质灾害隐患点多面广，一些威胁人民生命财产的重要地质灾害隐患点亟待勘查，并采取工程措施进行治理；地质灾害防治资金投入机制不完善，资金投入不足。目前地质灾害防治资金投入渠道单一，基本仍以政府财政投入为主，还未形成政府、企业、个人共同投入的多元投入格局。

地质灾害防治工作基础薄弱，技术水平不高，突发性地质灾害应急反应能力有待进一步提高。社会公众防灾减灾知识需要继续普及，"只重救灾，不重防灾"的现象还不同程度存在，防灾减灾宣传力度尚需加强；许多群众缺乏必要的地质灾害防治知识，防灾减灾意识不高，能力不强，存在麻痹侥幸心理和依赖政府统包统揽的思想。

2. 地质灾害易发区和地质灾害重点防治区

1）地质灾害易发区

根据地质环境条件和人类工程活动特征，忻州市境内分为地质灾害高易发区、中易发区和低易发区 3 个大区。其中，地质灾害高易发区包括 6 个亚区，面积为 13 585.95 km^2，占全市总面积的 54.02%；地质灾害中易发区包括 5 个亚区，面积为 9 205.58 km^2，占全市总面积的 36.60%；低易发区面积为 2 359.16 km^2，占全市总面积的 9.38%。

地质灾害高易发区主要分布于偏关、河曲、保德、神池西部、五寨西部、岢岚西部的黄土丘陵区；宁武西部、静乐大部、原平西部、忻府区西部、定襄北部—原平东南部、定襄东南部—五台南部的低中山区；代县、繁峙、五台北部中高山区；河东煤田、宁武煤田、五台山铁矿区；地质灾害隐患类型主要为滑坡、崩塌、泥石流及地面塌陷。地质灾害中易发区主要分布于神池、五寨、岢岚、宁武西部黄土丘陵区，东部的中高山区；忻府区北部、忻府区南部、宁武中部汾河、恢河流域两侧、五台大部、原平西南部、定襄东部低中山区；地质灾害隐患类型主要为滑坡、崩塌及泥石流。地质灾害低易发区主要分布于忻定盆地及滹沱河两岸平原区，地质灾害隐患类型有崩塌、地裂缝和地面塌陷。

2）地质灾害重点防治区

地质灾害重点防治区位于河东煤田及东部的广大黄土丘陵区和煤矿、铁矿开采区，面积约 12 256.96 km²，占全市总面积的 48.73%，包括 3 个亚区。

（1）河东煤田及东部区域崩塌、滑坡、地面塌陷、泥石流重点防治亚区

主要分布于偏关、河曲、保德、神池、五寨、岢岚西部，面积 5 567.81 km²，占全市总面积的 22.14%。该区地貌类型主要为黄土丘陵，发育的地质灾害隐患类型主要为滑坡、崩塌、泥石流、地面塌陷。该区地质灾害防治重点是村庄、厂矿、308 省道、209 国道、336 国道、338 国道、218 省道、忻保高速公路、宁保铁路、宁旧铁路、宁岢铁路及其他县乡道路周围的小规模黄土崩塌、滑坡、地面塌陷及泥石流地质灾害。

（2）宁武煤田崩塌、地面塌陷、滑坡、泥石流重点防治亚区

主要分布于宁武西部、静乐大部、原平西部，面积 3 213.09 km²，占全市总面积的 12.78%。该区地貌类型主要为低中山，发育的地质灾害隐患类型主要有滑坡、崩塌、泥石流、地面塌陷。该区地质灾害防治重点是村庄、厂矿、241 国道、338 国道、305 省道、312 省道、337 国道、忻保高速公路、太佳高速公路、北同蒲铁路、宁静铁路及其他县乡道路周围崩塌、地面塌陷、滑坡及泥石流地质灾害。

（3）五台山-恒山铁矿区崩塌、泥石流、滑坡、地面塌陷重点防治亚区

主要分布于代县、繁峙、五台北部，面积 3 476.06 km²，占全市总面积的 13.82%。该区地貌类型主要为中高山，区内矿业活动强烈，现有地质灾害隐患类型主要有滑坡、崩塌、泥石流、地面塌陷。该区地质灾害防治重点是村庄、厂矿、208 国道、205 省道、108 国道、311 省道、239 国道、大运高速公路雁门段及其他县乡道路周围崩塌、泥石流、滑坡及地面塌陷地质灾害。

3.4 存在生态问题

3.4.1 生态环境脆弱叠加矿产资源开发增大生态保护压力

忻州市地处黄土高原，山地多、平地少，森林覆盖率低，水土流失严重，生态环境十分脆弱；近年来，忻州市全力实施京津风沙源治理、退耕还林、“三北”防护林、“两

山”绿化等国家重点林业生态工程以及国家汾河中上游山水林田湖草生态保护修复试点项目，生态环境大有好转，但季节性断流仍然存在。同时，由于产业结构和能源结构带来的污染物排放量大的形势也没有逆转，因此环境污染和生态保护所面临的严峻形势没有根本改变。矿产资源的持续开发，采矿强度的不断增强，矿山地质环境问题在今后一定时期内仍会存在，“不欠新账”仍有压力。

3.4.2 水环境水生态问题恶化

水环境水生态问题包括水资源短缺、地下水位逐步下降、地表径流量不断减少、水域面积严重萎缩、水质恶化等，这既有自然恶劣环境因素，又受人类不合理活动影响：黄土高原区气候寒冷干旱、年降水量少，河流出现多次多处断流现象，地下水含量也逐年减少；加之人类生活生产对水资源的需求增高，水资源开采技术手段不合理，化肥和农药过量使用，以及采煤对地下水资源的影响，远远超出流域内水资源及水环境能够承载的范围。

3.4.3 水土流失治理形势严峻

忻州市大部分地区植被稀疏、山高坡陡，加上季节性集中降雨冲刷，在地形、降水、土壤等自然因素和能源开采、植被破坏等人为因素共同作用下流域内水土流失严重。水土流失现象导致农用地被破坏、水资源短缺、土壤极度贫瘠的同时，也制约了社会经济可持续发展。提高典型流域土地保水保土能力、加快推进区域控风沙综合整治，逐步改善区域生态环境已迫在眉睫。

3.4.4 矿区生态环境破坏严重

数十年来煤矿资源的开采为社会经济的发展做出了巨大贡献，但对当地及周边生态环境也造成了极大的破坏。主要包括由煤矿开采造成采空区面积大、引发地面塌陷、村民房屋损坏等事故灾害；开采破坏了地质环境，固体废弃物露天堆放破坏地貌景观及土地资源；由采煤引起的地裂缝、地表崩塌、山体滑坡以及泥石流等；尾矿物等废水废渣的排泄，造成水源污染及土壤污染等环境问题。目前仍有 11 072.2 hm^2 损毁土地需要恢复治理，尤其是由关闭和废弃矿山形成的 3 318.038 hm^2 矿山地质环境问题亟需加大治理力度。部分矿山企业开展矿山地质环境治理的主动意识不强，现行法律法规中对矿山企业不依法履行治理义务的处罚力度不够，导致企业主体责任落实难。

3.4.5 生物多样性保护刻不容缓

忻州市历史悠久，原生态系统中各种动植物资源丰富。但由于人类活动的长期影响，部分动植物种类受到很大的威胁，生态系统的完整性在不断丧失。森林和亚高山草甸生态系统严重退化，加之保护区及其周边矿产资源的开采、人造工程等破坏了原始生态，使生态系统抵抗外来物种入侵能力减弱。生物多样性是生态系统完整性和可持续性的重要体现，加强对区域流域生物多样性保护工作刻不容缓。自然保护地建设起步较晚，现有自然保护地尚在摸底和整合优化评估阶段，与国土空间规划、生态保护红线评估等有待于更好衔接。自然保护地体系分类、布局尚不明确，保护和管理效果有限。全市重要自然生态系统、自然遗迹、自然景观和生物多样性尚未得到系统性保护，生态产品供给能力有待提升，汾河、滹沱河、桑干河上游重要生态屏障建设不完善。

4 环境状况评价

4.1 环境功能分区

4.1.1 大气环境功能分区

忻州市大气环境功能分区严格按照国家《环境空气质量标准》(GB 3095—2012)的要求,将大气环境质量划分为两类:一类空气质量功能区为自然保护区、风景名胜区和其他特殊保护的区域;二类环境空气质量功能区为居住区、商业交通居民混合区、文化区、工业区和农村地区。各类功能区分别执行相应国家环境空气质量标准和大气污染物排放标准。

4.1.2 水环境功能分区

根据《山西省地表水环境功能区划》(DB14/67—2019),忻州市水环境功能类别主要为汾河(静乐与宁武)、牧马河大部分干支流均为Ⅱ类标准;偏关河、县川河主要为Ⅲ类;清水河主要为Ⅱ-Ⅲ类;滹沱河(繁峙境内)主要为Ⅲ类;滹沱河(原平市境内)、朱家川河、岚漪河主要为Ⅳ类,忻州市地表水环境功能分区情况见图 4.1.1。

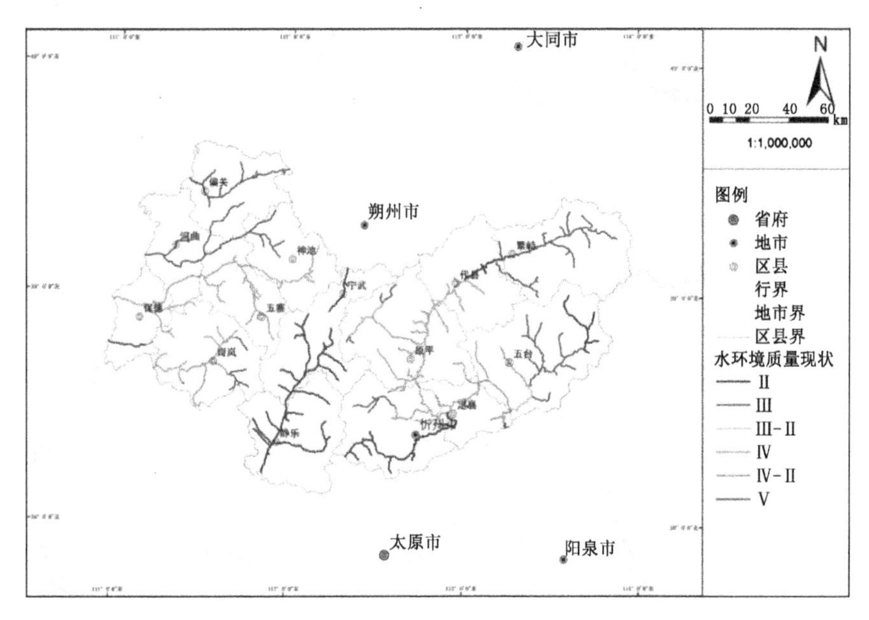

图 4.1.1 忻州市地表水环境功能分区情况

4.2 环境质量现状

4.2.1 环境空气质量

为了解忻州市环境空气质量的变化趋势情况，根据《环境质量报告书》，收集分析 2016—2020 年忻州市的环境空气质量监测数据，2016—2020 年忻州市环境空气分析结果见表 4.2.1。

表 4.2.1 2016—2020 年忻州市环境空气质量分析结果一览表

年份	环境空气质量综合指数	优良天数(d)	年份	环境空气质量综合指数	优良天数(d)
2016	6.61	269	2019	5.41	259
2017	6.85	213	2020	4.90	213
2018	6.09	226			

根据分析结果，忻州市环境空气质量综合指数呈下降趋势，优良天数指标，除2018年、2019年有所增加外，2017年、2020年，达标天数呈下降趋势。

截至2020年，六项主要污染物SO_2、NO_2、PM_{10}、$PM_{2.5}$、CO、O_3中，忻州市除$PM_{2.5}$和O_3平均浓度超标外，其余4项主要污染物均达到《环境空气质量标准》(GB 3095—2012)二级标准限值。2018—2020年，忻州市主要污染物变化趋势分析见表4.2.2。由此可见，主要污染呈同比下降趋势，环境空气质量有好转，但仍有待改善。

表4.2.2 2018—2020年忻州市主要污染物变化趋势分析

年份	SO_2 (g/m^3)	NO_2 (g/m^3)	PM_{10} (g/m^3)	$PM_{2.5}$ (g/m^3)	CO (mg/m^3)	O_3 (g/m^3)
2018	34	44	96	53	2	166
2019	29	43	79	41	1.9	171
2020	21	33	67	43	1.8	174

由环境空气质量现状可以看出，大气污染防治工作总体形势仍然严峻，大气环境质量改善形势不容乐观，突出污染问题尚未得到有效解决。特别是2020年，尽管忻州市环境空气质量持续改善，但优良天数比例下降，主要污染物$PM_{2.5}$浓度同比却不降反升，完成环境空气质量改善约束性指标仍有压力。

4.2.2 流域生态环境质量

(1) 地表水水质状况

忻州市共有19个国、省考地表水监测断面，其中国控断面13个，“十三五”考核断面8个，“十四五”考核断面5个，省控断面6个。2016—2020年全市各断面水质类别变化情况一览表见表4.2.3，2016—2020年全市各断面水质类别变化情况柱状图见图4.2.1。2015—2020年全市各类水质断面分布情况见表4.2.4。

由此可见，“十三五”期间，忻州市地表水总体污染程度呈明显下降趋势。Ⅰ至Ⅲ类水质断面比例不断上升，劣Ⅴ类水质断面比例逐年下降。2020年，与上年相比，均无劣Ⅴ类断面，Ⅰ至Ⅲ类水质断面比例上升7.1个百分点，Ⅴ类水质断面比例下降14.3个百分点；与“十二五”末2015年相比，全市劣Ⅴ类水质断面比例下降25个百分点，2020年无劣Ⅴ类断面，Ⅰ至Ⅲ类水质断面比例上升27.4个百分点。

表4.2.3 2016—2020年全市各断面水质类别变化情况一览表

所在水体		断面名称	2015	2016	2017	2018	2019	2020
黄河流域	黄河	万家寨水库	Ⅱ	Ⅱ	Ⅱ	—	—	—
		碛塄	—	—	—	Ⅱ	Ⅱ	Ⅱ
	汾河	河西村	Ⅱ	Ⅱ	Ⅱ	Ⅱ	Ⅱ	Ⅱ
		雷鸣寺	Ⅱ	Ⅱ	Ⅱ	Ⅱ	Ⅱ	Ⅱ
	偏关河	关河口	—	—	—	Ⅱ	Ⅱ	Ⅱ
	县川河	禹庙	Ⅳ	Ⅳ	Ⅲ	Ⅱ	Ⅲ	Ⅲ
	朱家川河	花园子	Ⅳ	Ⅳ	Ⅲ	Ⅲ	Ⅲ	Ⅳ
海河流域	滹沱河	代县桥	Ⅱ	Ⅱ	Ⅱ	Ⅱ	Ⅱ	Ⅱ
		定襄桥	劣Ⅴ	Ⅳ	Ⅳ	Ⅴ	Ⅴ	Ⅳ
		济胜桥	劣Ⅴ	Ⅳ	Ⅳ	—	—	—
		南庄	Ⅱ	Ⅱ	Ⅱ	Ⅱ	Ⅱ	Ⅱ
		乔儿沟	Ⅱ	Ⅱ	Ⅱ	Ⅱ	Ⅱ	Ⅱ
	牧马河	陈家营	劣Ⅴ	Ⅲ	Ⅲ	Ⅳ	Ⅳ	Ⅲ
	清水河	坪上桥	Ⅱ	Ⅱ	Ⅱ	Ⅱ	劣Ⅴ	Ⅰ
	桑干河	梵王寺	—	—	—	Ⅳ	Ⅴ	Ⅲ
	青羊河	茨沟营桥	—	—	—	Ⅱ	Ⅱ	Ⅲ

表4.2.4 2015—2020年地表水断面水质类别比例分布情况表

类别	2015	2016	2017	2018	2019	2020
Ⅰ至Ⅲ类(%)	58.3	75	83.3	78.6	78.6	85.7
Ⅳ类(%)	16.7	25	16.7	14.6	7.1	14.3
Ⅴ类(%)	0	0	0	7.1	14.3	0
劣Ⅴ类(%)	25	0	0	0	0	0
断面总数(个)	12	12	12	14	14	14

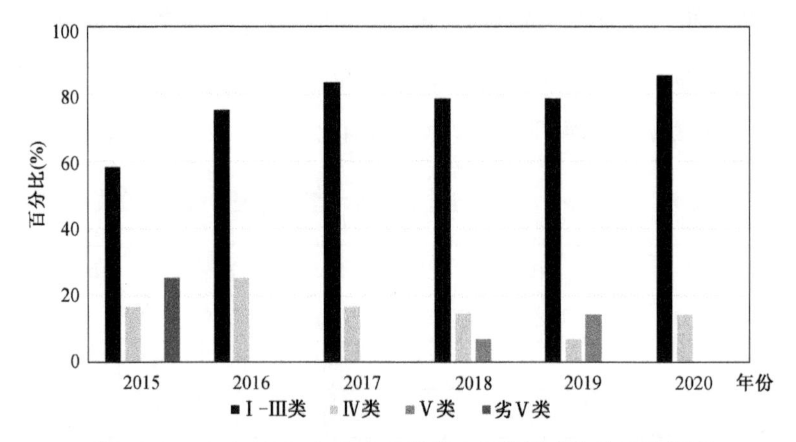

图 4.2.1　2016—2020 年全市各断面水质类别变化情况柱状图

从不同流域来看，“十三五”期间，黄河流域污染程度呈明显下降趋势，2015—2020 年黄河流域均无劣Ⅴ类断面；2020 年Ⅰ至Ⅲ类水质断面比例达 83%，较 2015 年上升 13 个百分点；黄河流域水质明显好转，2020 年与 2015 年相比，监测的五条河流中，黄河、汾河、偏关河 3 条河流水质状况无明显变化，水质稳定保持为优；县川河 2015 年、2016 年轻度污染，2019 年、2020 年良，水质由轻度污染到良，水质有所好转。

“十三五”期间，海河流域污染程度呈明显下降趋势。从水质类别比例分析，2020 年海河流域无劣Ⅴ类断面，较 2015 年下降 42.9 个百分点；2020 年Ⅰ至Ⅲ类水质断面比例达 87.5%，较 2015 年上升 30.4 个百分点；海河流域水质明显好转，2020 年与 2015 年相比，监测的 5 条河流中，清水河水质保持稳定为优；滹沱河、牧马河水质状况从重度污染到良，有明显好转；桑干河水质有明显好转；青羊河水质有所下降。

考虑到各河流的空间异质性，在此对主要河流分别分析其生态问题及成因，见表 4.2.5。

(2) 饮用水水质状况

忻州市共有 18 个现有和备用城市集中式饮用水水源地。2019 年除忻府区北水源地关闭，代县苏村后备水源地刚确定取水点但尚未打井不具备采样分析条件外，所有饮用水水源地水质均达到或优于Ⅲ类标准。忻州市城市集中式水源地 2015—2019 年水质情况见表 4.2.6。

表 4.2.5　流域水生态问题及成因分析

流域	河流名	存在问题	成因分析
入黄流域	黄河干流	① 偏关河、朱家川等境内主要支流排入黄河水质不能稳定达标，可能对碛塄国考断面水质造成影响； ② 主要支流生态受损严重，偏关河河道内几乎常年处于断流状态，朱家川河道断流现象也在不断加剧，由于河道内生态水量不足，导致水体内水生生物多样性减少，水体自净能力变弱，动植物赖以生存的生态环境遭到破坏	① 河道内无地表径流补充，偏关河、朱家川河流域常年干旱少雨，非雨季时朱家川河保德段以上断面水流量很小，几乎处于断流状态，河道内主要是沿河城镇生活污水厂处理后的中水和农村生活污水，实际水质较差； ② 沿河城区基础设施建设短板突出，沿线偏关县、河曲县、保德县城镇生活污水处理厂出水水质仍执行 GB 18918—2002 一级 A 标准，与地表水Ⅴ类标准落差较大
	朱家川河	① 生态流量严重不足，长时间断流； ② 水质较差且化学需氧量、氨氮不能稳定达标； ③ 生态功能受损严重，河床裸露，受沿河乡村公路及两岸整齐开垦耕地制约，河道严重缩窄，生态系统严重退化； ④ 饮用水源地存在水环境风险，五寨县李家口水源地一级保护区及周边范围内由于历史原因有大量居民无法搬迁，村民生产生活活动聚集在水源地周围，饮用水安全存在一定风险	① 河道内无地表径流，降水量减少是朱家川河生态流量不足的主要原因； ② 植被稀少，地表植被差，表土疏松，岩石裸露现象普遍存在，加剧了流域涵养水源能力下降，导致生态失衡，水生态功能严重受损； ③ 污水处理基础设施建设存在短板，污水收集管网不完善； ④ 河道空间被侵占问题和农村生活、农业面源污染问题未彻底解决，河道存在村民生活污水流入、生活垃圾倾倒、违章建筑、河道挖沙等情况
	偏关河	① 生态流量严重不足，长时间断流； ② 生态功能受损严重，生物多样性锐减，河床裸露，沿河村庄在河道内种植农作物，河道严重缩窄，生态系统功能几乎丧失殆尽	① 偏关地区干旱少雨，降水量减少，偏关河河道内无地表径流补充； ② 偏关河流域内缺林少绿，植被稀少，流域涵养水源能力低； ③ 河道内主要是偏关县城污水处理厂处理后的中水和沿河部分村庄的生活污水，由于在关河口村偏关河水位较低而黄河主河道地势较高，故形成了关河口断面基本是黄河倒灌水的情况，虽然监测结果达到了水质目标考核结果但却不能反映实际水质较差的问题

续表

流域	河流名	存在问题	成因分析
入黄流域	岚漪河	① 水质不稳定，存在恶化风险； ② 生态流量小。正常年清水流量 0.2～0.8 m^3/s，河流自然径流较小； ③水环境风险突出，各支流及河段局部洪涝灾害较为普遍，如马跑泉、南川河、中寨河等都属于洪涝灾害高发区	① 农村面源污染较为严重，岚漪河流经岢岚县多个村镇，上游有岢岚县城污水处理厂和 4 个农村污水站，且岢岚县农业和畜牧业较为普遍，存在面源污染； ② 上游无其他水源补给，地表水来源主要依靠自然降水和少量地下水进行补充； ③ 降水相对集中，洪涝风险较大
汾河流域	汾河	① 沿岸植被减少退化； ② 水土流失加重； ③ 地表径流量减少，主要依赖万家寨引黄工程供水； ④ 饮用水源地有潜在风险，宁武县集中式饮用水水源地及周边防护措施不到位； ⑤ 农村生活和农业面源污染问题未彻底解决，包括化肥、农药流失和渗漏、农村地表径流、未处理的生活污水的排放以及暴雨导致的初期生活污水的漫流、畜禽养殖以及渔场养殖废水的排放和水土流失等问题仍然存在，对汾河水质稳定达标存在一定不利影响； ⑥ 入河排污口水质不能稳定达标，宁武县境内部分入河排污口还存在标识老旧、监测点位设置不合理、管理不规范等问题	① 忻州市汾河流域内整体山势陡峻，坡地居多，森林面积较少，水源涵养条件差，具有分明的夏雨型和山地型河流特征，多集中于 7 月、8 月、9 月 3 个月，且多呈暴雨降落，形成了境内水资源时空分布高度集中、地下水和地面水高度集中的特点； ② 由于气候、地貌、土壤及植被等自然因素，流域存在一定程度的水土流失，植被覆盖率低，加剧了水土流失的程度，使得水生态进一步恶化； ③ 煤炭开采等工业活动对流域地下水产生不利影响，汾河上游宁武、静乐段分布有潞宁煤业、潞宁忻丰煤业等 18 座煤炭开采企业，造成了矿区踩空影响范围上游地表汇水的流失，从而造成地表径流减少； ④ 饮用水水源地保护区建设不规范； ⑤ 农村生活面源污染管控难度大，汾河自管涔山发源后，在宁武县境内流经涔山乡、东寨镇、化北屯乡、石家庄镇 4 个乡镇后进入川胡屯断面，部分河段存在生活垃圾堆放，生活污水直接倾倒等现象； ⑥ 入河排污口建设不规范

续表

流域	河流名	存在问题	成因分析
滹沱河流域	滹沱河	① 下茹越断面生态流量不足，河道干涸严重、上游来水少； ② 河道内生物多样性减少，鱼类多年来持续减少； ③ 下茹越断面 COD 不能稳定达标，代县桥断面总磷不能稳定达标，襄桥断面氨氮超标严重，南庄断面氟化物偶有超标，坪上桥断面总磷不能稳定达标问题	① 生态基流不足，从滹沱河发源地乔儿沟村下游 1.5 km 开始至下茹越水库段，常年断流，已成为洪水型河流，生态基流逐年减少； ② 河道侵占问题严重，水环境质量下降，河道内大量种植农作物，河道空间被侵占，水流动力条件变差，加剧了水生态恶化和水环境质量变差； ③ 农村高耗水灌溉方式加剧生态水量减少和水环境恶化，滹沱河源头至下茹越段农村多采用高耗水“大水漫灌”方式进行灌溉，用水量大且效率低，繁峙县属于干旱区域，降水较少，大量取水导致河道进一步水位下降，而且灌溉方式粗放和大量施用化肥农药导致用水浪费和大范围的农业面源污染产生； ④ 铁矿开采等工业活动对流域地下水产生不利影响，繁峙县铁矿开采，矿区踩空影响范围上游地表汇水的流失，从而造成地表径流减少； ⑤ 繁峙县、峨口镇污水处理厂污水处理排放标准与水环境质量要求存在差距； ⑥ 冬季滹沱河自然径流减少，特别是河道结冰，上游污水处理厂处理后的生活污水成为河流的主要补给水源，对代县桥断面的水质产生重要影响； ⑦ 忻定原盆地部分地区属高氟水地区，地下水本底含氟超标，部分情况下，氟离子含量高的松散岩类地层或富含氟化物的包气带土壤遇到雨水冲刷进入地表水体造成南庄断面氟化物超标

续表

流域	河流名	存在问题	成因分析
滹沱河流域	牧马河	① 牧马河生态流量严重不足，长时间断流，水源主要是流域雨雪融水形成，没有其他洁净水源补充； ② 陈家营断面水质较差且不稳定，COD、氨氮、总磷等项目时有超标，稳定达标压力大； ③ 牧马河流域水生态退化，水体自净能力不足，西岁兴水库以下河段除水库放水清库时段外，长时间断流，河道两岸生态荒芜，河道狭窄，水域空间被挤占，河道内存在种植农作物现象； ④ 植被稀疏，水源涵养能力弱	① 河道内无地表径流，上游无生态补水是牧马河生态流量不足的主要原因； ② 植被覆盖率低，水源涵养能力严重不足，生态功能受损严重； ③ 农村面源污染治理投入力度不足，农村生活污水排放、畜禽养殖污染等问题未得到有效控制
桑干河流域	恢河	① 河流污染严重，水质不能稳定达标，主要为氨氮超标； ② 生态流量小，恢河平均径流量 0.264 亿 m^3/a，河流自然径流较小，流量仅为 0.011 m^3/s，除下雨外，河道内几乎全部为污水厂和煤矿处理后的外排水； ③ 生物多样性减少，水生态退化问题突出	① 恢河为季节性河流，河道水源主要依靠降水补给，受季节影响特别明显，每年 11 月至次年 7 月上中旬，恢河处于枯水期，无新鲜水源补充，水体自净能力较差，不利于污染物的稀释和降解； ② 城市基础设施不完善，县城旧城区污水管网未能实现雨污分流，污水收集率不高，有大量生活污水直接排入恢河； ③ 恢河景观公园四条蓄水橡皮坝，蓄水过程中微生物增多，水中氨氮浓度增大，蓄水溢流到下游后，影响恢河水质； ④ 沿河企业有时治污设施运行不正常，超标排放、偷排漏排现象时有发生； ⑤ 农村面源污染影响恢河水质，沿河各村庄产生的生活污水以及养殖业产生的粪便、污水等直接或间接进入恢河，河道内有放牧现象； ⑥ 在地表水流量较少和水质污染的共同作用下，水生生物链受到破坏，原有生物大量减少，水生态环境破坏严重

续表

流域	河流名	存在问题	成因分析
大清河流域	青羊河	① 生态流量小，2019 年忻州市大清河流域水量缩减 33.0%，受整体影响，青羊河整体水流也随之减小，难以达到之前的水位； ② 青羊河水生生物减少，水体整体萎缩，水生生物种类及数量较之前都有明显下降	① 农村用水形式粗放，当地水资源禀赋差，青羊河流经山区地段，河道下切较深，耕地较高，农村多采用高耗水方式进行灌溉，用水效率低，大量取水导致河道水位下降，加上本身繁峙县属于干旱区域，降水较少，河流水源无法得到相应的补给； ② 水资源匮乏，部分水生动植物生存条件受到破坏。青羊河多年平均径流量 1.35 m^3/s，近年来，青羊河人类活动加剧，取水不断增加，水资源的过度开发利用使得原有河道生态水位逐渐下降，已无法满足其生存需求，生物多样性缩减较为明显； ③ 水环境风险突出，青羊河所占沟渠属于山洪沟，平时水量较小，汛期时水流易与雨水汇合形成山洪，造成环境风险

表 4.2.6　忻州市城市集中式水源地 2015—2019 年水质情况

序号	区县	所属流域	所在水体	水源地名称	水源地类型	水质类别				
						2015 年	2016 年	2017 年	2018 年	2019 年
1	忻府区	海河流域	滹沱河	忻府区南水源地	地下水型	Ⅱ	Ⅱ	Ⅱ	Ⅱ	Ⅲ
2	忻府区	海河流域	滹沱河	忻府区北水源地	地下水型	Ⅱ	Ⅱ	Ⅱ	Ⅲ	关闭
3	定襄县	海河流域	云中河	定襄县西关水源地	地下水型	Ⅱ	Ⅲ	Ⅲ	Ⅲ	Ⅲ
4	五台县	海河流域	滤泗河	五台县西庄水源地	地下水型	Ⅱ	Ⅱ	Ⅲ	Ⅱ	Ⅱ
5	代县	海河流域	滹沱河	代县城区水源地	地下水型	Ⅱ	Ⅱ	Ⅲ	Ⅲ	Ⅲ
6	代县	海河流域	滹沱河	代县苏村后备水源地	地下水型	未打井	未打井	未打井	未打井	未打井
7	繁峙县	海河流域	滹沱河	繁峙县圣水头水源地	地下水型	Ⅱ	Ⅱ	Ⅱ	Ⅱ	Ⅲ
8	宁武县	汾河流域	汾河	宁武县雷鸣寺泉水源地	地下水型	Ⅱ	Ⅲ	Ⅲ	Ⅱ	Ⅲ
9	宁武县	海河流域	恢河	宁武县县城西后备水源地	地下水型	Ⅱ	Ⅱ	Ⅲ	Ⅱ	Ⅲ
10	静乐县	汾河流域	汾河	静乐县偏梁水源地	地下水型	Ⅱ	Ⅱ	Ⅱ	Ⅱ	Ⅲ
11	神池县	黄河流域	朱家川河	神池县南辛庄水源地	地下水型	Ⅱ	Ⅲ	Ⅲ	Ⅲ	Ⅲ
12	五寨县	黄河流域	清涟河	五寨县李家口水源地	地下水型	Ⅱ	Ⅲ	Ⅲ	Ⅱ	Ⅲ
13	岢岚县	黄河流域	岚漪河	岢岚县牛家庄水源地	地下水型	Ⅱ	Ⅱ	Ⅱ	Ⅱ	Ⅲ
14	岢岚县	黄河流域	岚漪河	岢岚县城西后备水源地	地下水型	Ⅱ	Ⅱ	Ⅱ	Ⅱ	Ⅲ
15	河曲县	黄河流域	黄河	河曲县梁家碛水源地	地下水型	Ⅲ	Ⅲ	Ⅲ	Ⅲ	Ⅲ
16	保德县	黄河流域	黄河	保德县铁匠铺水源地	地下水型	Ⅲ	Ⅱ	Ⅲ	Ⅲ	Ⅲ
17	偏关县	黄河流域	黄河	偏关县堡子湾水源地	地下水型	Ⅱ	Ⅲ	Ⅱ	Ⅱ	Ⅲ
18	原平市	海河流域	滹沱河	原平市西镇水源地	地下水型	Ⅲ	Ⅲ	Ⅲ	Ⅲ	Ⅲ

(3) 地下水水质状况

忻州市地下水从 2016 年开始监测，2016—2020 年全市地下水监测井达标率有明显上升。2020 年监测井达标比例为 94.9%，比 2016 年上升 2.6 个百分点。2016—2020 年各类水质类别分布变化趋势见表 4.2.7、图 4.2.2。

“十三五”期间，忻州市地下水环境质量总体好转，监测井水质基本保持稳定。2020 年 39 眼监测井中，水质达《地下水质量标准》(GB/T 14848—2017) Ⅲ类及优于Ⅲ类的井有 37 眼，占 94.9%；水质为Ⅳ类的井有 2 眼，占 5.1%；无Ⅴ类水井，全市地下水主要超标项目为氟化物。

表 4.2.7 2016—2020 年全市地下水水质类别变化趋势表

年度	类别比例(%)					达标率(%)
	Ⅰ	Ⅱ	Ⅲ	Ⅳ	Ⅴ	
2016	0	61.5	30.8	5.1	2.6	92.3
2017	0	51.3	43.6	2.6	2.6	94.9
2018	0	58.9	35.9	2.6	2.6	94.8
2019	0	61.5	33.3	5.1	0	94.9
2020	0	59	35.9	5.1	0	94.9

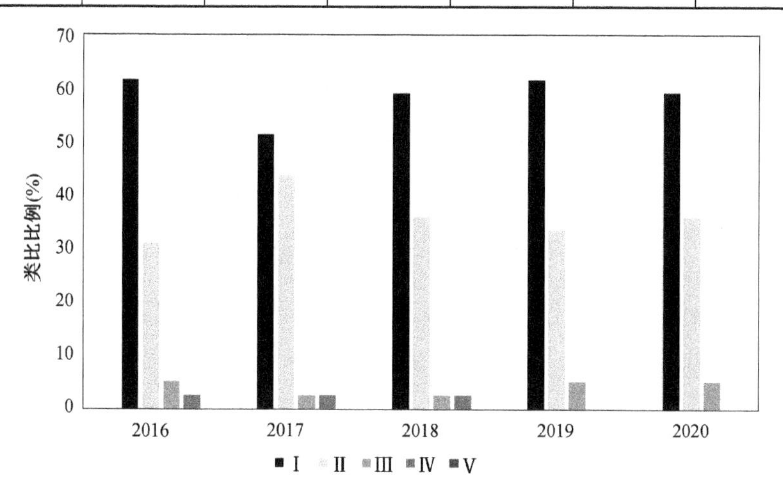

图 4.2.2 2016—2020 年忻州市地下水各类水质类别分布变化趋势

4.2.3 土壤环境质量

近年，忻州生态环境监测中心配合原山西省环境监测中心对忻州市国家网土壤环境质量监测点位进行采样，共 141 个，其中背景点 13 个，基础点 118 个，风险监控点 10 个。“十三五”期间，忻州市国家网土壤环境质量监测点的评价结果为无污染状态。

4.2.4 声环境质量

2015—2020 年，对忻州市城区区域环境噪声进行监测，按照《环境噪声监测技术规范 城市声环境常规监测》(HJ 640—2012)进行评价，结果表明，城区区域声环境质量为二级(“较好”)水平。

2015—2020 年，通过对城区道路交通进行监测，按照《环境噪声监测技术规范 城市声环境常规监测》(HJ 640—2012)进行评价，结果表明，道路交通声环境质量为一级(“好”)水平。

4.3 主要污染源调查与评价

4.3.1 废气污染源

忻州市的废气污染源主要是区内企业的工艺废气，忻州市共有工业企业 3 719 个，其中大型企业 24 个，中型企业 74 个，其余均为小微企业，忻州市共有省级工业园 2 个。主要工业污染物是二氧化硫、氮氧化物、颗粒物等。二氧化硫排放位于前三位的行业依次是火力发电、黏土砖瓦及建筑砌块制造、炼铁。氮氧化物排放位于前三位的行业依次是火力发电、炼铁、水泥制造。颗粒物排放位于前三位的行业依次是炼铁、铝冶炼、火力发电。

4.3.2 废水污染源

工业企业废水、城镇生活污水以及农业农村面源污染是忻州市主要的入河污染源。

（1）工业企业废水

2020年，忻州市工业源废水排放量占工业废水排放总量的99.8%；集中式治理设施污水排放量占废水排放总量的0.2%。废水排放量位于前三位的工业行业依次是煤炭开采和洗选业、石油和天然气开采专业及辅助性活动、炼焦。

工业废水化学需氧量占全市化学需氧量排放总量的99.2%。淀粉及淀粉制品制造、炼焦、烟煤和无烟煤开采洗选是化学需氧量排放的主要来源。

工业废水氨氮排放量占全市氨氮排放总量的93.8%，烟煤和无烟煤开采洗选、炼焦、淀粉及淀粉制品制造是氨氮排放的主要来源。

从分布上看，忻州市工业企业在定襄县、原平市、忻府区、代县和五台县居多，这5个县（市、区）工业源总数为2 900多家，占全市工业源总数的64.62%。

（2）城镇生活污水

2020年，忻州市生活污水排放总量约6 000万t。城镇污水处理厂全面提质增效。按照《城镇污水处理厂污染物排放标准》（GB 18918—2002）宁武县东寨污水处理站、静乐县污水净化中心、静乐县杜家村污水净化中心出水化学需氧量、氨氮、总磷三项指标执行并可达地表水Ⅴ类标准，其余污水处理厂出水水质执行一级A标准。

（3）农业农村面源污染

农业农村面源主要包括种植业、畜禽养殖及水产养殖。忻州市耕地面积为856.67万亩①，园地面积为44.56万亩，播种面积715.48万亩，种植业主要水污染物氨氮排放量为43.28 t，总氮排放量为561.48 t，总磷排放量为35.60 t。忻州市畜禽养殖业生猪全年出栏量为110.56万头，肉牛全年出栏量为9.26万头，奶牛年末存栏量为2.78万头，肉鸡全年出栏量为138.70万羽，蛋鸡年末存栏量为515.87万羽。忻州市

---

① 1亩约等于666.7 m^2

水产养殖品种主要有草鱼、鲤鱼、鳟鱼、青鱼、鲢鱼和鲫鱼，产量共计 1 765 t/a。养殖方式为池塘养殖、滩涂养殖和其他养殖，投苗量共计 281.58 t/a。农业面源排放的主要污染因子有化学需氧量、氨氮、总磷等，氨氮的排放量占总污染源排放量的比重连续数年居高不下。

4.3.3 固废污染源

忻州市生活垃圾采用垃圾袋装化的收集方式，采用压缩式垃圾运输方式，由环卫部门统一处理。建筑垃圾应由部门成立专门管理小组，统一管理，统一收运利用。工业垃圾由环保部门统一进行管理。医院垃圾禁止混入生活垃圾，由环卫部门统一收集后，至医疗废物集中处置设施集中处置。2020 年，工业固体废物（含危险废物）处置利用一览表见表 4.3.1。

表 4.3.1 工业固体废物（含危险废物）处置利用一览表

一般工业固体废物	一般工业固体废物产生量（万 t）	3 746.169
	一般工业固体废物综合利用量（万 t）	441.298 9
	一般工业固体废物处置量（万 t）	2 079.06
	一般工业固体废物贮存量（万 t）	1 285.831
	一般工业固体废物倾倒丢弃量（万 t）	0.007 09
危险废物	危险废物产生量（万 t）	3.053 362
	危险废物利用处置量（万 t）	3.046 605
	其中：送持证单位量（万 t）	2.940 873
	内部年利用处置能力（万 t）	20.094 97

4.4 环境基础设施建设及运行情况

4.4.1 给水工程

“十三五”期间，忻州市通过完善建成区及规划区域内的管网敷设，提高城镇管网的覆盖率和供水普及率，对现状管材、管径、水压不达标的老旧管网进行改造等措施，城镇供水能力进一步提升，县城缺水现象基本消除。同时，城镇供水水质全面达到国家现行标准，供水水质检测合格率忻州市区、原平市达到100%，其余县城达到95%以上。城镇公共供水范围进一步扩大，供水普及率进一步提高，全市（含县城）达到100%。城镇供水管网进一步完善，管网漏损率进一步降低，公共供水管网漏损率控制在10%以内。此外，忻州市水质监管能力进一步增强，供水企业水质监测能力全面达标。

2020年，忻州市全市供水总量6.7亿 m^3。其中，地表水源工程供水量占总供水量的56%；地下水源工程供水量2.7亿 m^3，占供水量的40%；其他水源工程供水量占供水量的4%。

2020年，忻州市全市用水总量6.7亿 m^3，其中新鲜水6.4亿 m^3。用水总量中城镇居民生活用水量占5.8%；农村居民生活用水量占4.3%；农业灌溉用水量占59.5%；林牧渔畜用水量占5.8%；工业用水量占12%；建筑业用水量占0.9%；三产用水量占1.8%；生态环境用水量占9.9%。

4.4.2 排水工程

（1）污水处理设施

忻州市建成区生活污水处理率达到95.69%，建成投运的城市（县城）污水处理厂共14座，现总处理能力为25万 m^3/d。忻州市、原平市、定襄县、五台县、代县、繁峙县6座城市（县城）污水处理厂属于海河流域，宁武县、静乐县、神池县、五寨县、岢岚县、河曲县、保德县、偏关县8座城市（县城）污水处理厂属于黄河流域。

出水水质方面，宁武县、静乐县、河曲县、保德县、偏关县、定襄县、五台县、繁峙县、原平市污水处理厂出水化学需氧量、氨氮、总磷三项指标达地表水Ⅴ类标准，其余均执行一级A标准。忻州市污水处理厂见表4.4.1。

表 4.4.1　污水处理厂一览表

污水处理厂	设计能力(万 m³/d)	收纳水体
忻州市污水处理厂	6.5	云中河
原平市污水处理厂	5	滹沱河
定襄县污水处理厂	1.5	滹沱河
五台县污水处理厂	2.5	滹沱河
代县污水处理厂	1	滹沱河
繁峙县污水处理厂	1.5	滹沱河
宁武县污水处理厂	0.8	恢河
保德县城污水处理有限公司	1.5	黄河
偏关县污水处理厂	0.8	偏关河
静乐县污水净化中心	0.8	汾河
岢岚县城区污水处理厂	0.6	岚漪河
五寨县污水处理厂	1.2	桥峪河
神池县污水处理厂	0.8	朱家川河
河曲县城南污水处理厂	1	黄河

(2) 污水管网

“十三五”期间,忻州市进一步加强管网的建设,对现有合流制排水管道进行改造,大幅度建设新的污水管道,提高污水管网密度。结合城市黑臭水体治理,所有城市内河两侧基本建成截污管道,取消污水直接排放口。

截至 2019 年底,全市排水管网共 1 961.02 km,其中污水管网 974.43 km,雨水管网 711.27 km,雨污合流管网 275.32 km。

(3) 再生水利用

忻州市污水处理厂 2019 年中水产生量 2 348.19 万 t,利用量 851.57 万 t,利用率 36.3%;2020 年 1—6 月中水产生量 1 150.11 万 t,利用量 481.18 万 t,利用率41.8%。达到 20%的目标,原平市达 35%,其余县城达 10%。再生水主要用于农业灌溉、电厂中水回用、绿化灌溉等方面。

4.5 面临的问题与挑战

4.5.1 发展带来的环境压力仍然突出

忻州市绿色产业发展缓慢，产业结构偏重，结构性污染问题依然突出，以重污染企业为主的产业结构、以煤为主的能源结构、以公路为主的运输结构尚未根本改变。“十四五”期间，尽管随着科技进步、技术改造，单位产品产量污染排放强度逐步降低，忻州市也将“提升传统产业，发展新型产业”作为发展方向，但产业结构偏重、污染物排放量偏大等形势不可能在短期发生根本性转变，污染物排放仍将处于高位水平，随着煤电产业的发展和城镇人口增加而逐年增加。污染物在时间上的累积和空间上的复合效应将更加明显。“十四五”期间新上项目和新增投资等刚性需求不断增强和资源环境约束趋紧的矛盾也在加剧。

由于经济下行的压力，部分企业减产或关停，排污企业治污积极性减弱，大气、水、固废等污染防治工作存在一定的反复性，环境保护任务艰巨。

4.5.2 环境质量改善难度较大

大气方面，传统煤烟型污染与臭氧、VOCs 等新型环境污染问题叠加，采暖期大气污染问题尤为突出。

水环境方面，忻州市优良断面及劣Ⅴ类断面目标任务起点较高，大部分河流属季节性河流，呈现全年或季节性断流，除雨季外，河流水补给主要来自雪融水和沿线生活污水，带有大量腐殖质，严重影响河流水质。再者，河流沿线城乡生活污水收集率低，即使城市生活污水和工业废水达标排放，仍会造成河流水质恶化。在当前各主要流域地表自然径流减少，河流自净能力减弱，部分河段经常性断流的背景下，忻州市水质改善难度较大。

4.5.3 环境基础设施有待建设

忻州市环境治理设施重建设、轻运营现象突出，部分工业企业环保设施、乡镇污水处理站等基础设施因技术、管理等原因导致运行效果差，无法达到设计要求。同时，随着经济下行压力加大，污染治理主体承受力下降，企业治污设施不能保障稳定运行，甚至存在偷排漏排现象，监管难度加大。此外，污水管老化、破损，污水管井盖与路面结合技术处理不到位引起局部路面塌陷等问题相对比较突出。

忻州市内无专门的工业危险废物处置中心，“十四五”期间，随着经济发展，危险废物产生数量和种类都将随之增加，区内现有危废处置企业处置能力不足、水平不高的问题可能成为经济可持续发展的制约因素。

4.5.4 环境风险控制仍需强化

区域性灰霾重污染天气多发频发，人民群众的环境敏感性增强，诉求方式呈多样化发展，对环境风险容忍度越来越低，信访案件增多。忻州市多年发展形成的布局型环境隐患和结构型环境风险日益凸显，特别是由于历史原因污染行业存在“近水靠城”的分布特征，造成环境风险不断增加。

4.5.5 环保监管能力建设尚需加强

环境执法监管能力不足。环境管理和环境监管压力加大，而忻州市基层环保执法能力薄弱，人员不足、装备不完善，与新环保法的环境监管要求不相适应，加强环境执法队伍建设和环境执法能力提升的任务较重。

环境预警体系尚未完善。环境应急管理相对薄弱，环境突发事件应急管理信息系统亟待建设。应急部门人员数量及专业化设备不足。水源地保护区、开发区、重点风险企业应急预案管理等环境应急管理需进一步加强。环境预警监测、污染源减排监测、生态环境监测体系尚未完善。

5

生态保护与修复实施路径

5.1 生态修复的重要理论与技术

5.1.1 重要理论

生态修复是指辅助退化、受损或被破坏的生态系统而进行的恢复过程。生态修复的实施,通常需要生态学、植物学、微生物学、栽培学和环境工程等多学科的结合。它是在生态学原理指导下,以生物修复为基础,结合物理修复、化学修复和工程技术措施及其优化组合,使之达到最佳效果的修复技术。

当前,在生态修复理论和实践方面,北美、欧洲、新西兰和澳洲处于前列地位,其中,北美偏重森林和水体修复,欧洲侧重矿区修复,新西兰和澳洲则是注重于草原的生态修复。近20年来,我国生态保护与修复事业取得长足进步,实施了一系列生态保护修复政策和重大工程,为保障国家生态安全、推进生态文明建设提供了重要基础支撑,生态产品供给能力保持总体稳定。

作为减缓生态系统损失和改善退化生态系统的一种方法,生态修复的对象是退化或受损生态系统。生态修复是建立在恢复生态学理论基础上所进行的实践。Jordan等提倡采用“综合方法”进行修复,以促进科学方法和生态修复实践的融合。目前,国内外生态修复的理论依据主要涵盖以下四个方面:

(1) 群落演替理论

群落演替是指植物群落在受到干扰后的恢复过程或在裸地上植物群落的形成和发展过程。群落演替有广义和狭义两种理解,广义上的演替是指植物群落随时间变化的生态过程,狭义上的演替是指在一定地段上群落由一种类型变为另一种类型的变化且有顺序的演变过程。群落演替过程中,演替方向易受到干预,根据受干扰程度的不同,演替方向可以分为进展演替和逆行演替。张琳等用空间代替时间的方法,研究了内蒙古锡林郭勒盟露天煤矿排土场不同恢复年限植被在恢复过程中的群落及稳定性变化特征,发现随恢复年限的增加,植物生活型由一、二年生转变为多年生,优势种由人工栽培植物转变为本土植物。而且,随着恢复年限增加,物种多样性呈下降趋势,但群落稳定性整体呈上升趋势。研究结果可为露天煤矿排土场边坡人工修复过程中植物物种及合理配置模式的选择提供科学依据。

(2) 生态系统稳定性理论

生态系统具有趋于平衡点的稳定特性。生态系统稳定性是指生态系统在应对干扰发生状态变化的同时进行重组以维持生态系统功能的能力,通常由生态系统的抵抗力和恢复力共同决定。其中,抵抗力指引起生态系统结构变化的干扰的大小,而恢复力是指返回到生态系统初始结构的速度。目前,生态系统稳定性理论已经成为自然生态系统管理和生态修复的核心概念。张文岚运用生态系统稳定性理论对平朔矿区已复垦土地开展景观生态评价、土地适宜性评价,提出平朔矿区采矿废弃地生态恢复特有的改进对策和具有可操作性的技术方法。

(3) 群落构建理论

在一个特定的时间和空间中,群落构建是一个群落中物种在空间和时间尺度上组合的决定因素,物种多样性越高,组合越复杂,生态系统就越稳定。群落构建研究对于解释物种共存和物种多样性的维持是至关重要的,生态修复工作越来越侧重于受干扰地区生物群落的物种组成多样性和功能多样性,通过物种结构、时空结构和营养结构的优化组合来指导修复工作。

目前,关于群落构建理论的普适性仍存在争议。经典理论认为,自然群落的多样性和结构是由生态位过程决定的，而 Hubbell 等认为中性过程对自然群落的多样性和结构具有决定性作用。随后 Gravel 将两种理论进行统一，提出了"连续体假说"，认为中性过程和生态位过程是连续体的两个极端，自然界的大多数群落构建机制都遵循连续体假说，即由两个过程共同作用，二者的相对作用大小因研究尺度、物种属性和生境等有所不同。

在过去 20 年中，生态修复研究主要集中于如何提升生态系统功能和促进生物多样性的恢复，群落构建在生态修复工作中得以被应用。Li 等发现金属开采后植被演替过程中的群落构建由具有时间变化的多个过程驱动，其中在废弃金属矿植被演替的初始阶段，植物群落主要受有效金属含量和扩散限制的影响。在环境条件改善后，它可能进一步受到强种间关系的影响，在演替年龄超过 20 年的阶段以及随机过程中占主导地位。曹苗文对山西省垣曲县铜矿尾矿坝优势植物白羊草内生真菌、根域（包括根际和非根际）以及非根域土壤微生物群落结构与多样性开展研究，揭示了重金属污染环境下不同类型微生物群落多样性的构建机制和内在联系。

（4）生态位理论

生态位定义为在自然生态系统中一个种群在时间和空间上的位置关系及其与相关种群之间的功能关系。Young 等和 Wainwright 等在探究生态恢复和生态学理论的关系时，提及生态位所发挥的重要作用。根据生态位理论，在生态修复过程中，首先要调查生态修复区的生态环境条件，根据生态环境因子选择适当的生物种类，同时避免单纯引进生态位相同或者相似的物种，确保各种群在群落中拥有相应的生态位，避免或者减少种间竞争，实现物种间共存，维持生态系统的长期稳定。郭英英、李素清为了筛选适宜在铜尾矿库进行植被修复的草本植物种类及其配置模式，运用生态位等分析方法对山西中条山矿区十八河铜尾矿库自然定居草本植物群落 11 个优势种种间关系和生态位进行分析，发现芦苇、扁秆荆三棱、垂柳和荆三棱的生态位宽度较大。Strassburg 等基于大西洋森林大规模修复目标的研究，与没有进行系统性修复的基线相比，发现囊括生态位理论的修复生态系统的战略方法可以以一半的成本获得三倍的保护收益。Godoy 等也实证发现大幅度的生态位分化有助于实现生态功能的最大化。

5.1.2 重要技术

退化生态系统的修复通常是多种修复技术的有机组合，生态修复效果很大程度上取决于修复技术方案的科学性。近年来，生态修复技术日趋完善，已从传统的森林、耕地、草地、水体等单一目标修复发展到水、土、气、生四要素结合的国土空间修复，同时兼顾地上地下、山上山下、上游下游等诸多影响因素。概括而言，主要应用的生态修复技术包括以下几类：

(1) 土壤修复技术

土壤修复是使遭受污染的土壤恢复正常功能的技术措施。20 世纪 80 年代以来，许多国家特别是发达国家大多制定并开展了污染土壤治理与修复计划。从原理上讲，污染土壤的修复技术可归纳为两点：①改变污染物在土壤中的存在形态或同土壤的结合方式，降低其在环境中的可迁移性与生物可利用性；②降低土壤中有害物质的浓度。目前，常用的土壤修复技术主要分为三类：①物理修复技术，是指通过各种物理过程将污染物从土壤中去除或分离的技术，例如，蒸汽浸提技术、固化修复技术、物理分离修复、玻璃化修复、热力学修复、热解吸修复、电动力学修复、客土法等。这类技术通常具有修复效率高、速度快的特点，但存在成本偏高等不足。②化学修复技术，指向土壤中加入化学物质，通过对重金属和有机物的氧化还原、螯合或沉淀等化学反应，去除土壤中的污染物或降低土壤中污染物的生物有效性或毒性的技术，主要包括原位化学淋洗、异位化学淋洗、原位化学氧化、溶剂浸提技术等。这类技术的优点是修复效率较高、速度相对较快，但存在易破坏土壤结构、易产生二次污染等不足。③生物修复技术，其基本原理是利用生物特有的分解有毒、有害物质的能力以实现去除土壤中污染物的目的，又包括植物修复技术、微生物修复技术和生物联合修复技术。其特点为成本低、不对土壤结构产生过大的扰动，但修复周期长。

骆永明综述了国内外污染土壤修复技术的研究现状和发展趋势，并结合我国土壤污染态势探讨了中国土壤修复技术研发的需求。当前土壤污染形势严峻,其中如何治理土壤重金属污染已成为当今农业、生态和环境科学领域研究的热点,串丽敏等据此述评了土壤重金属污染修复技术研究进展。

(2) 植被修复技术

原生植被的丧失是当今世界面临的最严重的土地退化问题之一。植被修复是指运用生态学原理,通过保护现有植被、封山育林或营造人工林、灌、草植被,修复或重建被毁坏、被破坏的森林和其他自然生态系统,恢复其生物多样性及其生态系统功能。例如,矿区植被修复是依据生态学理论和原理,集成环境工程技术、生物技术和栽培技术等,从基质改良、植被恢复、地表土壤改变和植物演替等方面,对矿区环境进行改良和恢复。都兰等从植被修复的理论研究、植被修复技术的应用、矿区植被修复技术的发展现状等方面评述了金属矿区植被修复的研究进展。杨家庆等利用 CiteSpace 对中国知网 2000—2020 年收录的相关文献进行可视化分析,指出边坡生境特征、护坡机理、施工技术、植物配置及多样性是矿山边坡植被修复研究的热点。在矿区生态修复过程中,Nelctner 和 Ngugi 研究了昆士兰州东南部 Meandu 露天煤矿的 4 至 26 年的 56 个植被恢复场地,植被恢复重建过程包括归还储存的表土、深挖和机械混播乡土树种种子,评估了木本植物物种的建群成功率。Merino - Martín 等考虑到植被生命周期的重要性,提出了囊括植物物种优选、表土覆盖、播种和维护管理的全局植被重建技术。

(3) 景观修复技术

景观退化从表现形式上可分为景观结构退化和景观功能退化。其中,景观结构退化指景观中各生态系统之间的功能联系断裂或连接度减少的现象,即景观破碎化;景观功能退化则是指与原状态相比,由于景观异质性的改变导致景观的稳定性与服务功能等的衰退现象。国内外常用的景观修复技术包括加强斑块的生态连通性、地貌重塑,加强修复场地和周边生态系统功能的协调等。Ockendon 等通过系统调研识别出欧洲景观修复的 100 个优先问题,并归纳为保护生物多样性,连通性、迁移和易位,交付和评估修复等 8 部分内容。Yemshanov 等运用图论方法提出一个优化模型，旨在指导景观恢复策略，以增加驯鹿种群栖息地的生态连通性。当前，我国景观生态修复已经转向为国土空间生态修复，在理念上强调以山、水、林、田、湖、草生命共同体为认知基础，从单一的要素修复转向山、水、林、田、湖、草等全要素的全域、全过程协同治理。

(4) 再野化技术

再野化是指使某一区域回归到野性、自主的状态，强调对本地物种和关键物种的生态保护与恢复，使这些物种在自然条件下达到丰足的数量，以重新获得健康、可持续、适应力强的生态系统。2004 年 Dave Foreman 出版《北美洲再野化：21 世纪的自然保护愿景》，系统论述了再野化的保护方法。总体而言，北美洲的再野化实践可被概括为“3C”模式，即以核心区（Core）、生态廊道（Corridor）和食肉动物（Carnivore）为核心的再野化实践模式。欧洲再野化组织则在欧洲范围内选择了不同国家、不同生态系统开展了再野化试点的实践项目，其中的 8 个试点区域包括西伊比利亚、多瑙河三角洲、南喀尔巴阡山、韦莱比特山、中亚平宁山脉、罗多彼山脉、奥得河三角洲、拉普兰等区域。张庆费等研究发现，经过 10 余年的再野化过程，原上海溶剂厂形成人工栽培绿化树木与自生植被镶嵌生长的分布格局，呈现人工绿地自然化、建筑和构筑物被植被立体覆盖等城市野境景观，生物多样性明显高于一般公园绿地。作为国际上新兴的一种生态保护修复方法，再野化强调生态修复的过程导向和动态性及自然力量在生态修复中的作用，可为山、水、林、田、湖、草生态保护修复项目提供新理念、新思路和新方法。

5.2 守住自然安全边界

5.2.1 强化生态保护红线监管

强化生态保护红线监管。全面落实主体功能区战略，保护天然水系、自然保护区和重要饮水水源保护区，在生态保护红线区域生态环境本底调查的基础上，摸清红线内生态系统特征、人类活动情况，建立生态保护红线信息台账，为实施生态环境监管奠定数据基础。

开展生态保护红线监管评估。对各类生态保护红线区生态系统服务价值开展系统性评估。以遥感和地面调查监测相结合，重点识别可能造成生态破坏的人类活动影响，对于人类活动干扰高风险地区开展加密监测。定期开展生态保护红线保护成效评估，重点评估生态保护红线在提升生态功能、维护生物多样性、保障人居环境安全等方面发挥的作用。

明确生态保护具体管控要求。厘清现有生态环境保护、自然保护地管理、国土空间用途管制与生态保护红线监管的关系，制订生态保护红线管控措施。按照“源头严防、过程严管、后果严惩”的全过程管理思路进行严格监管，强化执法监督，建立绩效考核、责任追究、损害赔偿机制，确保生态功能不降低、面积不减少、性质不改变。加快整合并优化各类保护地，构建以国家公园为主体、自然保护区为基础、各类自然公园为补充的自然保护地体系，守住自然生态安全边界。

5.2.2 建立新型自然保护地体系

建立分类科学、布局合理、保护有力、管理有效的自然保护地体系，确保全市重要自然生态系统、自然遗迹、自然景观和生物多样性得到系统性保护，提升生态产品供给能力，筑牢汾河、滹沱河、桑干河上游重要生态屏障。

分类设立自然保护地，优化整合现有自然保护地。认真做好自然保护地调查摸底工作。以县(市、区)为单位，与国土空间规划、生态保护红线评估等工作相衔接，开展现有自然保护地的调查摸底工作，按照国家关于自然保护地整合优化的规定和要求，提出整合、优化、归并、扩展的初步方案。①分类有序推进优化整合。国家级自然保护区和省级自然保护区原则上全部保留，保护区范围内经评估确实没有保护对象或保护价值低的区域可调出自然保护区，同时采取就近划入的原则，补充相应保护区面积。现有各类森林公园、风景名胜区、湿地公园等根据评估调查报告开展优化整合或调整退出，合理设立自然公园类型，对于符合自然保护区设立标准的，按程序申请设立为省级自然保护区。②规范调整功能区范围并勘界立标。根据国家和省关于自然保护地范围和功能区调整的相关规定开展调整工作。自然保护地面积、范围、功能区等发生变化的,重新编制或修改总体规划,按照管理程序和有关规定纠正因技术原因引起的数据、图件与现地不符等问题,并按程序报批。在整合优化自然保护地工作完成后,积极开展自然保护地勘界立标并建立矢量数据库,与生态保护红线衔接,在重要地段、重要部位设立界桩和标识牌。

积极稳妥新设立一批自然保护地,着力优化自然保护地管理体制。科学精准设立自然保护地。结合全国第三次国土调查、生态保护红线评估、生态公益林和天然林保护范围,对全市其他生物多样性丰富、生态功能重要、生态系统脆弱、自然资源价值较高但尚未纳入现有自然保护地体系的区域一并开展评估调查,合理确定新设立一批自然保护地,纳入全市自然保护地发展规划。适时启动自然保护地设立申报工作,逐步扩大全市自然保护地规模。新设立自然保护地时要科学规划、精准保护,防止与原住居民生产生活、区域经济社会发展等产生新的矛盾冲突。理顺管理体制,实行分区管控。结合生态环境保护管理体制和自然资源资产管理体制改革,理顺现有各类自然保护地管理职能,落实自然保护地设立、晋(降)级、调整和退出程序,细化各类自然保护地管理政策、制度和标准,实行全过程统一管理。根据各类自然保护地功能定位,既严格保护又便于基层操作,合理划分功能区,实行差别化管控。结合历史遗留问题处理,分类分区制定管理规范。

创新自然保护地建设发展机制,加强生态环境监督执法。提高现有自然保护区的建设管理水平。在生态地位重要、生物多样性丰富的关键区域新建一批自然保护区的基础上,进一步完善自然保护区网络体系;加快自然保护区基础设施建设,改善工作条件和保护手段,全面提升保护区综合管理能力;加强生物多样性保护,禁止对生物多样性有影响的经济开发,加强对外来物种的限制,禁止滥捕、乱采、乱猎;严禁在自然保护区内进行开矿、采石、挖沙、砍伐、放牧、狩猎等破坏自然资源和自然环境的违法活动,严禁在自然保护区的核心区和缓冲区内进行旅游开发;加强自然景观和人文景观的有效保护。构建监测体系。加强人类活动、生态过程及生态功能动态监测，构建“天空地一体化”的智能生态监测网络。推进自然保护地生态监测信息化建设，建设大数据平台。加强自然保护地监测数据集成分析和综合应用，组织对自然保护地管理进行科学评估，定期发布评估结果。强化执法监督。按照中央和省统一部署，在自然保护地范围内定期开展自然保护地监督检查专项行动。对违反各类自然保护地法律法规等规定，造成自然保护地生态系统和资源环境受到损害的部门、地方、单位和有关责任人员，按照有关法律法规严肃追究责任，涉嫌犯罪的移送司法机关处理。

5.2.3 强化自然生态保护与修复

强化生态保护。针对目前自然保护地存在生态问题，强化重要自然生态系统、自然遗迹、自然景观和濒危物种种群保护，构建重要原生生态系统整体保护网络。加强自然生态修复。对依法设立的自然保护地，按管理层级，分区分类开展受损自然生态系统修复，建设生态廊道、开展重要栖息地恢复和废弃地修复，依法依规实施退耕还林还草和退耕还湿。将自然保护地发展和建设管理纳入地方经济社会发展规划，恢复和改善退化草原生态系统，大力推进汾河、滹沱河、桑干河、大清河流域生态修复与保护，区别不同的生态功能，严格保护重要生态功能区，强化脆弱区保护。严守湿地生态保护红线，坚持自然恢复和人工修复相结合，科学保护利用森林资源，实现森林、湿地永续利用与可持续发展。

以十大草原为重点推进草原生态修复。开展草原生态资源清查。以山地草原类、山地草甸类草原生态修复治理为重点，实施草原生态修复治理工程，恢复土石山区、水源涵养区、重点水系区、生态脆弱区和“三化”严重区的草地植被。推进历山舜王坪草原、沁源花坡草原、红崖峡谷高山草甸、中阳上顶山草原、离石西华镇草原、方山南阳沟亚高山草甸、娄烦云顶山草原、五寨荷叶坪草原、宁武马仑草原、右玉草原等十大草原生态保护修复工程。大力开展退化草原、亚高山草甸生态保护修复治理，以草定畜、禁牧休牧、植被重建。

5.2.4 构建生物多样性保护体系

构建生物多样性保护体系，保护和发展区域生态系统动植物种质资源，带动生态空间整体修复，促进生态系统功能提升。

加强野生动植物保护，加快对流域内珍稀濒危野生动植物栖息地和生存环境的生态保护和修复，严禁非法侵占、破坏林草资源，依法依规节约集约使用林地，坚决打击乱砍滥伐森林和林木、乱捕滥猎野生动物行为，严禁从森林中移植大树进城。坚持物种保护、生境保护、系统性保护有机结合，持续开展野生动植物栖息地、物种调查监测，建立野生动植物资源数据平台。

开展生态廊道建设和重要栖息地恢复。加强重点物种保护，开展极小种群濒危物种拯救保护。强化主要保护对象及栖息生境的保护恢复，连通生态廊道；严格划定禁牧区，有效保护重要生态系统、自然遗迹、自然景观和生物多样性。构建智慧管护监测系统，建立健全配套基础设施及自然教育体验网络。

建立完善野生动物肇事损害赔偿制度和野生动物伤害保险制度。强化野生动植物及其制品繁育、利用监管，坚决打击乱猎滥捕滥采、非法交易野生动植物及其制品等违法犯罪行为，全面禁止非法猎捕、交易和食用野生动物，到 2025 年，国家重点保护野生动植物物种保护率达到 90%以上。

开展野生动植物资源普查和动态监测，建设珍稀濒危野生动植物基因保存库、救护繁育场所，完善古树名木保护体系。实施自然生态监管，不断完善监管制度和手段。建立分级协同的生态监管评估机制，探索实施自然保护地监测与保护成效评估。持续贯彻开展“绿盾”专项行动，强化对自然保护地的监督检查。

5.2.5 促进重要湿地空间保护与修复

科学保护自然湿地。优先保护具有生态价值的天然湿地，对主要河流两侧滩涂低洼地进行蓄水造湿，形成“珍珠串”状连续湿地，有效扩大湿地面积。推进湿地保护区和湿地公园建设，加强生物多样性保护，促进湿地生物群落的重建和恢复。建设湿地监测站点，完善湿地监测体系，通过湿地及其生物多样性的保护与管理和建立湿地自然保护区、湿地公园等措施，到 2025 年，保持现有湿地面积不减少。

加强重点河流水生态修复与治理。严格重点河流及支流生态空间管控，划定管理和保护范围，加强水域岸线保护，严格限制占用水域，有序推动休养生息，保护和恢复生态系统及功能。通过退耕还林还湿、退养还滩、封育保护、水源涵养等措施，强化河流源头区生态保护。统筹实施河道治理、清淤疏浚、生物控制、自然修复、截污治污等措施，推进生态敏感区、生态脆弱区和生态功能受损河流的生态修复。

实施湿地恢复计划，建设河湖生态缓冲带。坚持以自然修复为主，人工修复为辅的原则，通过污染清理、土地整治、自然湿地岸线整治、自然湿地岸线维护、植被恢复、野生动物栖息地恢复、生态移民和湿地有害生物防治等手段，逐步启动重要湿地的保护修复工作，切实保护好现有湿地。开展重点湿地保护与恢复，保证生态流量，实施地下水超采综合治理，开展滩区土地综合整治。

助力“太忻一体化”经济区建设，维育“两屏四廊多区块”的保护格局。

“两屏”即以恒山—云中山、五台山—系舟山为主体的两大生态屏障带，重点以保护和修复生态环境、提供生态产品为首要任务，严格控制开发强度，保持生态屏障完整性，强化水源涵养、水土保持和生物多样性功能，构建和巩固区域生态屏障。

“四廊”即以滹沱河、牧马河、清水河和汾河为主体的 4 条生态廊道，其中滹沱河、牧马河、清水河均属滹沱河流域。统筹推进水资源、水环境、水生态、水安全、水文化协同治理，形成联通山水、功能复合的绿色生态廊道网络。

“多区块”即经济区内各类自然保护地，涵盖五台山草甸自然保护区等 5 个自然保护区，雁门关省级草原自然公园等 22 个自然公园。

坚持高标准保护，重点保护恒山、云中山、五台山、系舟山等山脉，强化五台山及周边生态多样性优先保护区域、系舟山至云中山陆生野生动物迁徙通道和滹沱河源头区保护措施。在经济区内开展以汾河、滹沱河两大流域为单元的生态修复，统筹上下游、左右岸、干支流，以林草、河湖湿地两大生态系统为重点，以山水林田湖草沙生态保护修复工程为抓手，上游加强林草生态系统的恢复，中游侧重森林绿地生态系统和特色农田生态系统修复，下游强化河湖湿地生态系统修复。近期重点开展以滹沱河干支流为重点的京津冀上游地区水生态保护与修复、汾河流域生态景观治理、太行山生态保护和修复、采煤沉陷区和矿山生态修复治理、万亩高标准农田建设等工程，积极开展社会资本参与国土空间生态修复试点示范。

5.3 持续推进重大林业生态工程

围绕“两山四河一流域”，优化林业和草原生产力布局。按照气候特点、立地条件、地理区位，延伸区划，细化规划，全市分为三大流域、五个生态功能区，采用相应技术路线，进行针对性修复治理，营造环境优良、功能完备的生态体系，保护生物多样性，着力体现绿化彩化财化有机统一，为全市经济社会发展提供良好生态安全保障。

依托三北防护林五期、天然林保护二期、新一轮退耕还林等国家工程及吕梁山生态脆弱区等省级工程、规划实施三北防护林六期工程、京津风沙源治理二期工程等国家项目及吕梁山生态脆弱区工程等，到 2025 年实现区域内宜林荒山全部绿化。

5.3.1 建设滹沱河源头水土保持生态修复区

涉及滹沱河源头水土保持生态修复区。包括代县、繁峙两个县，区域面积 41.05 万 hm^2。

本区域立足滹沱河丰水源、净水质，水土保持与水源涵养结合，促进源头生物多样性保护，全面提升滹沱河生态保障作用。南部石质山区对现有森林植被强化保护，通过人工辅助手段促进生态自然修复，保障森林植被群落稳定，提升水源涵养功能；北部土石山区以增加林草植被为主要目标，结合太行山北段生态建设区建设，高标准规划、多树种配置，针阔叶混交、乔灌草结合，大力开展规模化造林，提高水土保持能力，促进滹沱河植物生态、水生态良性发展。同时，对矿山损毁山体、尾矿库、弃渣场等生态破坏面进行全方位、多举措修复保护，恢复植被生长条件，保障区域生态安全。

5.3.2 推动汾河上游水源涵养暨生物多样性保护

涉及汾河上游水源涵养暨生物多样性保护功能区。包括汾河流域宁武、静乐两县,区域面积39.79万hm^2。

本区域保护与修复结合,以水源涵养为主,水土保持并重,依托正在实施的汾河中上游山水林田湖草生态保护修复工程,在有效保护天然次生林、促进生物多样性的基础上,以汾河干流为主轴,以沿线支流为侧翼,自上而下,由近及远,营造河道生态防护林、水土保持林和水源涵养林。通过层层治理,积极防护,由点带面,全面覆盖,形成汾河流域科学合理的生态修复综合体系。同时结合沿线景观和生物多样性的需求建设生态景观公园、湿地公园。一是在主河道治导线外营造缓冲隔离防护林,建设开放的水生态带状绿色走廊林带,花卉植物、灌木乔木,景观层次分明,形成一道屏障,将河道与外界分隔,形成相对闭合空间,形成绿水廊道。植物配置遵循树种多样性、再现自然的原则,总体采用水生-湿生-陆生植物多层次、组团式布局混交林形式,形成环境优美的沿河景观廊道。二是在干流及主要支流两侧的陡坡耕地上,针对流域内水土流失严重,生态环境恶化的特点,根据土壤条件实施植物封育措施,将工程措施、植物措施和耕作措施结合,建立治理措施配套的水土保持生态系统。三是在流域远山地区宜林荒山大规模营造水源涵养林,因地制宜、适地适树,加密、增绿、增色,提高森林生态系统稳定性,营造乔、灌、草结合的多功能、高效益水源涵养林体系。在主河道两岸,宜造则造,宜补则补,根据流域现有森林现状和恢复需求,对现有低质低效林进行提质增效改造,促进生态效能全面提升。

5.3.3 推进晋西北防风固沙和水土保持建设

涉及晋西北防风固沙水土保持功能区。范围包括县川河、朱家川、岚漪河流域上游的神池、五寨、岢岚三县,区域面积44.56万hm^2。

本区域立足防风固沙和水土流失治理,针对存在的生态问题现状进行综合治理,保护资源,防风固沙,保持水土。南部山区对现有林分进行保护、提高生态自我修复能力，依托国家天然林保护、公益林建设项目，以封山育林为主，人工造林为辅，力争形成水源涵养、环境优良、稳定高质的管涔山森林植被体系，融合文化旅游，助力经济发展；中部黄土风沙区，依托三北防护林体系、京津风沙源治理、吕梁山生态脆弱区工程等国省项目，通过灌木林乔木化改造、杨树林针阔叶混交，对 10 余万亩小叶杨林、50 余亩柠条林进行低质低效林分全面提质增效，建设集中连片、稳定高效的规模化针阔混交、乔灌混交防护林体系，防风固沙，涵养水土，确保工农业生产安全；北部黄土丘陵区结合移民搬迁、整流域治理，整合生态建设项目，实施大规模造林绿化，在县川河与朱家川之间，从神池县义井、贺职，五寨县三岔、韩家楼，到保德县高地塄、河曲县沙泉一线建设百万亩生态防护林，增加林草植被，控制水土流失，彻底改变晋西北生态环境状况。同时，紧紧围绕整流域治理理念，全方位推进山水林田湖草综合治理，助力乡村振兴和新农村建设。

5.3.4 建设黄河廊道生态文化景观

涉及黄河廊道生态文化景观功能区。范围包括黄河流经的河曲、保德、偏关三县，区域面积 39.79 万 hm^2。

本区域生态建设要与黄河、长城特色景观相融合，统筹生态保护修复，助力文旅产业发展，突出绿化与文旅融合、生态和生计结合，重点营造具有显著特色的黄河廊道文化旅游生态景观区。一是以沿黄公路东侧、大运高速和灵河高速两侧及可视第一山脊线范围内为重点，加快宜林荒山荒地造林，高标准提升通道绿化景观水平。同时要结合区域特色，利用区位优势，突出绿化重点，偏关县结合“两湾一山”（老牛湾、乾坤湾、紫金山），打造黄河、长城特色文化生态旅游圈；河曲、保德县结合整流域治理、乡村振兴，在黄河主河道沿线营造高标准生态绿化景观林。二是以关河、县川河、朱家川流域等山区为重点，大规模集中营造防风固沙与水土保持林，与神五岢防风固沙水土保持功能区衔接，建设规模化生态防护屏障。三是以沿黄平川区和浅山丘陵缓坡区为重点，提质改造、集约化经营，打造红枣、海红区域性特色经济林。

在通道生态景观林建设上，突出“提高度、扩宽度、加密度、添色度”，着力“补阔插灌、增色添彩”，坚持“乔灌草综合配置，高中低垂直绿化，花叶果自然循环”，实现“三季有花、四季有景”，打造高标准生态廊道，提升忻州“窗口”形象，助力黄河长城文旅带动；在防风固沙与水土保持方面，突出“减弱风沙、保持水土”，着力“先灌（草）再乔、灌（草）乔续进、造改并重”，坚持“新旧衔接、集中连片、整流域治理、规模推进”，实现“增加林草植被，遏制风沙扬尘，减少水土流失，改善生态环境”，筑牢京津生态安全屏障。

5.3.5 恢复和构建完整的农田防护林体系

涉及东部水源涵养暨农田林网防护区。包括原平、忻府、定襄和五台 4 个县（市、区），区域面积 82.59 万 hm^2。

本区域以增加林草植被覆盖、涵养河流水源水质、保障农业生态安全为目标，分流域对宜林荒山荒地高标准造林绿化，增加森林资源总量，稳定现有植被群落，提高水源涵养能力。同时结合整流域治理、森林康养、美丽乡村建设，创新运作机制，引入社会资本，在浅山丘陵区重点建设一批园区化生态文化精品工程，并依托忻定盆地路网、水网营造各具特色的农田防护林网，恢复和构建完整的农田防护林体系。

5.3.6 推进森林防火体系建设

推进森林草原防火体系和防火能力建设。高度重视森林防火工作，严防森林火灾发生。严格火源管控，整治风险隐患，坚决守住不发生重特大森林草原火灾和人员伤亡的底线。开展林业有害生物防治，提升林业有害生物测报综合能力建设，重点抓好松材线虫病和美国白蛾防控，不断完善林草有害生物灾害防控体系和立体监测预警体系，增强有效遏制大面积常发林草有害生物灾情的综合除治能力和局部暴发林草有害生物突发事件的应急防控能力，到 2025 年，将森林草原火灾受害控制率和有害生物成灾率分别控制在 0.5‰和 3%以下。

5.4 深化矿山生态环境恢复治理

5.4.1 强化绿色矿山创建

加强绿色矿区建设。按照绿色矿山“依法办矿、规范管理、环境保护、综合利用、节能减排、土地复垦、科技创新、企业文化、企地和谐”九方面要求全面开展忻州绿色矿山创建工作。一是全面开展绿色矿山创建工作，新建矿山必须达到绿色矿山建设标准，生产的能源矿山100%达到市级绿色矿山建设标准，非能源矿山30%达到市级绿色矿山建设标准，形成符合生态文明建设要求的矿业发展新模式。二是加大采煤沉陷区、工矿废弃地、历史遗留矿山等生态修复治理，大幅提高沿黄流域矿山地质环境恢复治理率。三是积极探索争取各类试点示范区，加快河曲、宁武绿色矿山示范区建设；积极争取充填开采、保水开采、煤与煤层气共采等绿色开采试点示范区；探索煤层气资源化利用新途径，争取全省煤层气利用试点示范区。四是按照“矿产资源利用集约化、开采方式科学化、生产工艺环保化、企业管理规范化、闭坑矿区生态化”的“五化”要求，大力提升黄河流域矿山生产、修复、管理科技水平，除国家明文规定和安全生产需要外，原则上采用无煤柱技术，到2025年，所有矿山实现未达标处置存量矸石回填矿井、新建矿井不可利用矸石全部返井，矿井水复用率达到95%。

5.4.2 实施工矿废弃地生态修复和复垦利用

深化矿山生态修复。按照“谁破坏谁修复”“谁修复谁受益”原则，盘活矿区自然资源，探索利用市场化方式推进矿山生态修复。历史遗留矿山生态修复，实施地质环境治理、地形重塑、土壤重构、植被重建等综合治理，恢复矿山生态。历史遗留矿山地质环境问题治理率达到55%以上，生产矿山实现“边开采、边治理”；废弃无主矿山地质环境问题治理率达到60%以上。建立矿山地质动态监管平台，到2025年，实现矿山地质环境动态监测全覆盖。及时修复生态和治理污染，停止对生态环境造成重大影响的矿产资源开发。责任主体灭失的露天矿山，按照“谁治理、谁受益”的原则，大力探索矿山地质环境恢复和综合治理新模式，加快生态修复进度。以黄河流域及其他重点生态功能区为重点区域，开展历史遗留废弃矿山和采煤沉陷区综合治理，实施一批生态修复工程，到2025年，基本完成历史遗留矿山地质环境问题修复治理工作。

加强采煤沉陷区生态保护修复。持续开展采煤沉陷区综合治理，推进复垦整地，倾斜支持采煤沉陷区实施天然林保护、退耕还林还草、陡坡耕地生态治理、林草植被恢复等工程。在吕梁山等生态敏感脆弱地区，采取积极的工程治理措施，着力恢复林草植被，遏制生态退化。在自然条件较好的地区，以自然恢复为主，辅以适当的人工修复措施，逐步恢复和增强生态环境功能和稳定性。支持具备条件的地区合理利用沉陷土地发展设施农业或建设接续替代产业平台，提高土地整治经济效益。

加大土地复垦和土地生态整治力度。加快推进矿山地质环境恢复与综合治理，优化调整用地结构。开展露天矿山综合整治，制定开展露天矿山综合整治的工作方案，严查非法采矿行为，推动恢复治理矿山地质环境。如现状为未治理区，因地制宜，高标准治理。在10°以上的坡地宽深式沟道内建设坝系工程，防止水土流失，提高骨干坝建设标准确保防洪安全。在土层较厚的宽浅式沟道内布设高郁闭度的乔木林生物沟。对土层较厚的窄型小沟道布设柳谷坊或杨谷坊。在沟道或河道有大面积滩地的地域进行生物坝防护工程建设，建设高标准基本农田。

5.4.3 强化尾矿库污染治理

扎实开展尾矿库污染隐患排查，优先治理黄河干流岸线3 km范围内和重要支流、湖泊岸线1 km范围内，以及水库、饮用水水源地、地质灾害易发多发等重点区域的尾矿库。严格新(改、扩)建尾矿库环境准入，对于不符合国家生态环境保护有关法律法规、标准和政策要求的，一律不予批准。健全尾矿库环境监管清单，建立分级分类环境监管制度。完善尾矿库尾水回用系统，提升改造渗滤液收集设施和废水处理设施，建设排放管线防渗漏设施，做好防扬散措施。尾矿库所属企业开展尾矿库污染状况监测,制定突发环境事件应急预案,完善环境应急设施和物资装备。建设和完善尾矿库下游区域环境风险防控工程设施。到 2025 年,基本完成尾矿库污染治理。

5.5 加强水土保持综合治理

5.5.1 强化生态建设

加强水土保持生态建设。坚持预防为主、防治结合,注重封育保护和自然修复,推进实施一批重大生态保护修复和建设工程,防止水土流失,提升水源涵养能力。

强化水土流失治理。以小流域为单元,大力开展山水田林路综合治理,合理配置工程、植物、耕作等措施,提升区域水土保持能力。加强林草植被和治理成果管护,强化生产建设活动和项目水土保持管理,实施封育保护,促进自然修复,从源头控制土壤侵蚀,全面预防水土流失。水土流失严重区、革命老区,开展以民生为主的水土保持重点治理。有序推进还林、还草、还湿、还滩,营造河岸护岸林、侵蚀沟水保林、塬地生态经济林,加强生态保护修复。在水土流失严重区域开展以整沟治理为单元的山水林田湖草综合治理,实施绿色清洁小流域建设,加强坡耕地、侵蚀沟综合整治。

5.5.2 统筹布局生态和生产空间

提高林木覆盖率,加大水土流失治理,提高土地利用率和产出率。按照“宜林则林、宜种则种”的原则布局生态、生产空间,通过荒山造林、田间绿化等从根本上解决水土流失等问题,通过土地开发、坝滩联治、高标准农田建设等增加耕地面积,提高耕地质量,发展高效农业。严禁陡坡垦殖和过度放牧,严禁乱砍滥伐树木,限制经济开发活动。调整农、林、牧产业结构,要从根本上转变发展方式,以林牧业为主,兼顾农业作为调产思路,因地制宜建设生态畜牧经济区基地,以果、枣为主的经济林果业园地，晋西北高寒农产品杂粮基地，培育特色农业，发展脱贫致富的支柱产业。

强化农田生态保护修复。加强田间道路、沟渠等造林以及林网补缺，营造混交林，提升农田防护林网的防护功能，完善农业生态系统。大力实施高标准农田建设和农田土壤修复工程，提升耕地质量水平。鼓励采取合理的轮作倒茬进行种植，确保土壤养分均衡。重点栽植乡土树种，营造混交林，减少病虫害，同时兼顾林网的景观和经济效益。探索以林权造林，发展绿色经济、林业经济。实施百万亩经济林工程，积极培育杜仲、沙棘、连翘、文冠果等特色经济林产业，提升农业生态系统综合效益。

结合生态富民工程，助力乡村振兴和脱贫攻坚。坚守生态保护红线，实施人工造林、封山育林，开展水源涵养区、河流湿地、水生态系统的保护修复，实现汾河中上游"水量丰起来、水质好起来、风光美起来"。借助丰富的自然资源发展乡村旅游，退出两地生态脆弱与深度贫困相叠加的圈子，构建京津冀生态屏障。

全面实施整沟治理。针对流域内各县沟壑纵横密布的实际，坚持立足市情、科学规划、因沟制宜，全面实施"百沟治理工程"。通过整村搬迁复垦、造林绿化、特色村庄风貌整治、旅游景点开发、开办"农家乐"、发展特色种植养殖及农产品加工，实现产业化生产、规模化经营、品牌化提升，着力打造生态宜居型、乡村旅游型、高效农业型、康养休闲型、综合发展型及田园综合体等特色鲜明的整沟治理模式，改善生态环境，实现增绿增收，促进区域高质量发展。

5.5.3 加强监督管理和动态监测

以贯彻实施水土保持法为重点，加强水土保持监督管理和动态监测。建立健全水土保持监管体系，强化水土保持动态监测，提高水土保持信息化水平和综合监管能力。

强化预防监督，通过法律、行政、经济和技术手段控制人为造成的水土流失和生态环境破坏。全面监测工程实施进度、质量、效益等方面运行的基本情况，为各阶段工程建设效益评价服务；积累基础资料，提供技术支撑，客观系统地反映流域生态修复业绩和效益。建立完善配套的水土保持法规体系，健全执法机构，提高执法队伍素质，规范技术服务工作。全面落实水土保持“三同时”制度，水行政主管部门对工程建设的各个环节进行经常性的指导监督，做到前期工作扎实，施工前公开招标，施工规范有序，按时竣工验收。各县要建立健全水土保持监督执法机构，形成县、乡、村三级监督管护体系，落实管护责任，有效控制流域内人为因素产生的水土流失，从根本上扭转生态环境恶化的趋势，使植被覆盖率大幅度提高，水土资源得到有效保护和可持续利用。建立项目区各县水土保持生态环境监测系统，对项目区水土流失和水土保持状况实时监测，建立并完善项目区水土流失资料库和动态数据库，为水土流失预防监督管理提供科学依据。

加强对各项目水土流失治理任务完成情况的监督检查。加强项目区生态环境保护工作的力度，制止人为破坏，充分发挥其应有的生态效益和社会效益。

突出区域特色，在流域内所属的土石山区、黄土丘陵区和平原区各选择具有典型代表性、治理基础好、示范效果好、辐射范围大的区域规划示范区，在示范区提高水土流失综合治理标准，设立宣传标志牌，公示水土保持的政策法规和示范区的治理公告，提高人民群众维护自然生态的积极性和自觉性，使群众认识到水土保持综合治理的重要性和必要性，学习水土保持综合治理常识。

5.6 扎实推进流域建设

5.6.1 着力保障水资源安全

1. 加快推进水利基础设施建设

(1) 实施河湖水系连通工程

实施库库连通、河河连通，实现地表水、地下水、岩溶泉水等多水源调节，主水、客水相互补充，保障城乡生活、生产用水和生态用水的补给调度，实现水库坝址河道连通不断流。规划主要工程包括：青羊河调水工程，规划新建设杨树湾水库，为漳沱河上游从青羊河调水提供渠首调蓄保证。规划总库容 612 万 m^3，同时，建设提引水工程，将青羊河水库蓄水调入孤山水库调蓄，以补滹沱河流域用水不足。代县峨河、东茂河水库连通生态建设工程，项目为扩建工程，主要建设内容为：干渠防渗 16.45 km，配套渠系建筑物 70 件；干渠以下渠道防渗 15 km，配套渠系建筑物495 件；敷设供水管道 6.03 km，配套建筑物 25 座；填筑巡渠道路 24.0 km，巡渠道路行道树 6 000 株，渠道边坡草皮防护 14 万 m^2。项目总投资 1.13 亿元。

（2）建设小水网供水工程

依托大水网中部引黄和万家寨引黄主干、南干骨干工程，加快保德、偏关、神池、五寨、岢岚、宁武、静乐七县的县域小水网工程建设，使县域小水网与大水网骨干工程相衔接、相配套，确保黄河水“引得来、蓄得住、配得出、用得上”，打通供水网络“最后一公里”。

供水工程规划主要建设内容为：调蓄水库 8 座，总库容 2 381.8 万 m^3；泵站 8 座；蓄水池 3 处；事故调节池 2 处；输水隧洞 2 处；滚水坝 2 处；供水管线 337.1 km，项目匡算总投资 37.93 亿元。

（3）推进农田水利达标提质

全力推进河曲龙口引黄灌溉工程，重点推进县城以下 17 km 工程建设。兼顾工业供水。加快完成保德、偏关和河曲 3 县沿黄提水灌溉工程。

2. 严控水资源消耗总量和强度

（1）落实最严格的水资源管理制度

严格落实水资源开发利用总量、用水效率和水功能区限制纳污总量“三条红线”，实施水资源消耗总量和强度双控行动，降低水资源开发利用强度。实施水资源刚性约束，严格管控水资源消耗总量和强度，以水定城、以水定地、以水定人、以水定产，抑制不合理用水需求。

健全取水计量、水质监测和供用耗排监控体系。强化最严格水资源管理制度考核，推进水资源承载能力监测预警机制建设。狠抓取用水管控，加强水资源论证、取水许可和泉域水环境审批管理，加强事中事后监管。抓好水资源监控体系建设与维护，对重点岩溶大泉和重要饮用水水源地实施水位、水质自动监测，进一步提高水资源监控设施在线率，实现实时准确监测。根据忻州市重点监控用水单位名录，对忻州市主要供水水源、取水口、大中型灌区等重点取用水户进行水量监测监控，基本实现重点取用水户的远程实时在线监控。

(2) 加强地下水超采区综合治理

在地表水源工程覆盖的地下水超采区采取水源置换、关井压采等措施，到2025年实现地下水采补平衡。

(3) 强化水资源承载能力刚性约束

加强相关规划和项目建设布局水资源论证工作，国民经济和社会发展规划以及城市总体规划的编制、重大建设项目的布局，应当与当地水资源条件和防洪要求相适应。强化用水定额管理，完善重点行业、区域用水定额标准。严格水功能区监督管理，从严核定水域纳污容量，严格控制入河湖排污总量，对排污量超出水功能区限排总量的地区限制审批新增取水和入河湖排污口，强化水资源统一调度。

3. 强化水资源节约

(1) 大力推进重点领域节水

重点推进节水型城市建设、高耗水行业节水增效、农业高效节水灌溉等，到2025年，万元地区生产总值用水量、万元工业增加值用水量完成国家下达指标，规模以上工业用水重复利用率达到91%以上，农田灌溉水有效利用系数提高到0.58。

持续加强有机旱作新品种新技术示范推广，重点实施好“八大工程”，加快特色产业标准化基地和绿色有机农产品生产基地建设，全力打造晋西北现代农业特色品牌。利用现有引黄灌溉工程，完善后续建设工程，打通灌溉输水管线，发展新型节水农业，种植高效节水作物，提升灌溉水平。到2025年，各县有机旱作农业示范基地面积扩大到1.2万亩左右，总规模达到10万亩以上。严格农田灌溉用水管控，加大末级渠系(管网)节水改造和田面工程设施配套力度，调整灌水方式，按照灌溉定额标准，逐步降低农业用水比重。春浇期间严格管控农田灌溉用水退水，重点强化黄河、滹沱河、汾河、桑干河等沿河各县(市、区)退水渠管理，退水渠实施非汛期闸坝封堵。

深入开展工业节水，积极推进重点用水行业水效领跑者引领行动。加快流域内火电、煤矿、食品加工等重点行业节水技术改造。大力推广工业水循环利用、高效冷却、热力系统节水等通用节水工艺和技术，依法依规淘汰落后用水工艺和技术，加强非常规水资源利用，提高工业用水效率。

风电项目进一步提高生态防护标准，减少对地表地貌的破坏。加强城镇节水。加快城乡供水管网建设和改造，对使用超过50年和材质落后的供水管网进行更新改造，降低公共供水管网漏损率。

(2) 完善再生水循环利用体系

加快推进海绵城市建设，提高城市雨水就地消纳利用水平。

推动再生水纳入水资源统一配置，统筹推进再生水分质利用。加快污水处理厂中水利用工程建设，促进中水循环利用，有效增加水资源的供给。工业生产、城市绿化、道路清扫、车辆冲洗、建筑施工、生态景观用水以及河道生态补水优先使用再生水。开展建筑内再生水应用研究，扶持再生水技术设备研发生产企业。加大高耗水企业项目再生水使用量，减少新鲜水取用。到2025年，忻州市再生水利用率达到25%以上。

4. 保障河湖生态流量

保障河湖生态流量，研究制定生态流量保障实施方案，到2025年"四河"干流非汛期生态水量不小于多年平均水量的10%，汛期不小于20%。

建立完善生态流量调度和监管机制，加强生态流量保障工程建设和运行管理，明确闸坝、水库联合调度管理要求，合理安排下泄水量和泄流时段，维持河流生态用水需求。针对偏关河、朱家川河和牧马河长期断流的现状，综合采用河道整治、村镇环境综合整治、生态保护和修复以及必要的调水等措施，保证生态水量和生态水位，逐步恢复生态功能。强化汾河、滹沱河等重点河流生态补水工作。

开展生态流量监测预警试点，对河湖生态流量保障情况进行动态监测，针对不同预警等级制定预案，明确水利工程调度、限制河道外取用水和应急生态补水等应对措施。

5.6.2 积极开展水生态修复

1. 逐步恢复河流生物群落系统

对汾河、桑干河、滹沱河适时进行生态调水。在水质稳定改善、生态基流有保障的河段投放、培育本地非渔业养殖性的鱼苗，河底种植本地水生草本植物，推动河流生态系统重建。探索开展生态系统监测，把部分水栖鸟类、水生植物作为水生态环境保护修复的重要评价指标，列入生物监测范围，提升河流生物多样性水平。

2. 强化重点河流水生态修复与治理

加强河流源头生态保护，依法划定"四河"源头保护区，建设水源涵养林，到2025年"四河"流域森林覆盖率达到18.39%以上。

严格流域及重点支流生态空间管控，科学划定管理和保护范围，加强水域岸线保护，严格限制占用水域，有序推动休养生息，保护和恢复生态系统及功能。制定实施河湖岸线修复计划，保障自然岸线比例，通过退耕还林还湿、退养还滩、封育保护、水源涵养等措施，强化重要生态功能区、汾河源头区保护。以汾河、偏关河、朱家川河、县川河、岚漪河等为重点，统筹实施河道治理、清淤疏浚、生物控制、自然修复、截污治污等措施，推进生态敏感区、生态脆弱区和生态功能受损河流的生态修复，全面消除入黄黑臭水体，确保汾河、滹沱河等重点支流水质全部达标。

开展"清河"专项行动，全面清理河流干支流堤内建筑垃圾、生活垃圾、工业废弃物及违法建筑物，对影响河流水质的底淤进行清理。完成汾河、桑干河、滹沱河、大清河四河生态修复与环保规划任务。

推进沿河绿色生态廊道建设，严格水域岸线管控，在河道干、支流两岸管理范围，建立缓冲隔离林带和水源涵养林带。保护水和湿地生态系统。禁止侵占河道、自然湿地空间，在国家相关政策范围内，有序推进还林、还草、还湿、还滩，非法挤占的要限期退出并修复。强化水源涵养林建设和保护，开展水域、湿地保护和修复，推进湿地保护区和湿地公园建设。汾河及入黄主要支流沿岸堤外50 m、其支流堤外

30 m 范围内实施植树种草增绿，建设绿色生态廊道。

开展水生态监测与调查评估，加快构建水生态环境监测体系，推进“四河”流域水生态环境健康评估，到 2025 年，力争各流域评价结果为健康的监测点位不少于 30%。

6

环境质量改善实施路径

6.1 环境质量改善的基本原则

坚持绿色发展引领。深入贯彻落实新发展理念，将推进绿色低碳发展作为实现生态环境质量根本改善和碳排放达峰的重要途径，统筹应对气候变化与生态环境保护，牢固树立“绿水青山就是金山银山”理念，坚持绿色、循环、低碳发展，形成广泛的绿色生产与生活方式，促进各类资源科学开发与合理利用，持续降低碳排放强度。

坚持问题导向、以人民为中心。聚焦流域生态保护和环境治理的突出问题，深入实施生态环境保护重大工程，加快补齐生态环境基础设施短板，统筹资源保护、环境改善、生态恢复，以生态环境质量的持续改善不断提升人民群众的幸福感。坚持人民主体地位，以满足人民群众对美好生态环境的向往、增进生态环境民生福祉为根本导向，切实解决人民群众身边突出的生态环境问题。

坚持系统观念。统筹近期与远期，强化前瞻性思考与全局性谋划补短板、固基础、强弱项。统筹要素治理，坚持山水林田湖草生命共同体，提升生态环境治理效率。统筹局部与整体，聚焦重点区域、领域，坚持稳中求进、重点突破，全面改善生态环境质量。

坚持源头管控、防范风险。建立健全流域国土空间管控机制，强化生态环境分区管控，严格自然资源开发利用准入，坚决遏制高能耗、高排放、低水平项目盲目发展，完善生态环境管理、协调、监督机制，有效防范化解重大生态环境风险。

坚持精准、科学、依法治污。精准识别生态环境问题，做到问题精准、时间精准、区位精准、对象精准和措施精准。充分运用科学思维、科学方法、科学技术、科技成果，切实提高环境治理措施的系统性和有效性。健全配套制度规范，加强监管、严格执法，用严密法治保护生态环境。

坚持全民参与。将生态文明建设放在更加突出的位置，发挥各级党委政府在组织领导、规划引领、资金投入、制度创新等方面的主导作用，强化企业生态环境保护意识和责任，创新公众参与方式，建立政府为主导、企业为主体、公众参与的共治体系，形成生态环境保护强大合力。

坚持改革创新。持续推进生态环境保护领域的体制机制改革，构建现代化生态环境治理体系，提高生态环境综合治理效能，实现生态环境保护质量变革、效率变革、动力变革。

6.2 提升城市空气质量

6.2.1 调整产业结构

推进重污染行业结构优化调整。完成“两高”行业产能控制要求，落实《产业结构调整指导目录(2019年本)》。完成焦化产能压减任务，淘汰炭化室高度低于4.3 m及以下的焦炉；推进建成区及周边重污染企业搬迁退出，包括未达到生态环境部工业企业分类管控A级和B级标准的钢铁、焦化和铸造企业以及未完成超低排放改造的钢铁企业；按照《山西省淘汰煤炭选洗企业暂行规定》开展核查认定，取缔不符合规定的企业。

推进传统产业集群升级改造。制定定襄工业园区等传统产业集群工业企业综合整治方案，明确整治标准，提升产业发展质量和环保治理水平，推广集中供热和低碳能源中心，打造清洁产业集群。煤炭产业提高先进产能占比，产能60万t/a以下煤矿逐步退出。电力产业实施“三峡新能源忻州千万千瓦级绿色能源基地及送出通道”项目。焦化产业加快忻州禹王134万t/a“上大关小、提档升级”改造项目与111万t/a新建项目、岢岚道生鑫宇升级改造项目进度。锻造和铸造产业推进绿色化、标准化、智能化发展，打造“采—选—冶—铸”为一体的产业链。

着力壮大新兴产业。聚力打造半导体、光电、新能源、特种金属材料、煤机智能制造、现代医药和大健康、节能环保、大数据融合创新八大标志性引领性产业集群。

6.2.2 优化能源结构

改变偏煤的能源结构，发展集中供热。县(市)建成区清洁取暖率达到100%，农村地区清洁取暖率力争达到80%以上；清洁取暖覆盖不到的区域，确保洁净煤符合质量标准要求。开展民用煤质量专项整治行动，妥善处置不符合质量的民用散煤和民用型煤。加强煤层气(煤矿瓦斯)综合利用，实施生物天然气工程。

加强天然气产供储销体系建设。“煤改气”坚持“以气定改”，确保安全施工、安全使用、安全管理。开展天然气管网建设，构建形成“外联内畅，互联互通”的大燃气网。加快储气设施建设，各县(市、区)政府、城镇燃气企业和上游供气企业的储备能力达到量化指标要求。建立完善调峰用户清单，采暖季实行“压非保民”。2025年天然气占能源消费总量比重达到8%左右。

加快清洁能源低碳转型。完善能源消费总量和强度双控制度，强化节能审查。新建、改建、扩建新增煤炭消费的固定资产投资项目实施煤炭减量或等量替代。限制新增煤炭煤电项目，严禁焦化、钢铁、水泥等新增产能项目。优化能源供给结构，因地制宜发展光伏、风电、煤层气等清洁能源，加快布局氢能、储能等新能源项目，降低煤炭在一次能源消费中所占比例，提升非化石能源消费比例。深化煤炭清洁化利用，削减小型燃煤锅炉、民用散煤与农用煤炭消费，加快推进燃煤锅炉和工业炉窑清洁能源替代，淘汰35蒸吨/小时以下燃煤锅炉，实现平原地区散煤清零。

6.2.3 工业企业污染治理

1. 重点行业超低排放改造

按期完成电力、钢铁、水泥、有色等重点行业燃煤锅炉超低排放改造。完成大宗物料和产品清洁运输改造，要求全部采用新能源汽车或达到国五及以上排放标准的汽车。

按照《钢铁企业超低排放评估监测技术指南》开展评估监测工作。对全面达到超低排放要求的企业纳入动态清单管理，在重污染天气预警期间执行差别化应急减排措施；对在评估监测工作中弄虚作假的钢铁企业和评估监测机构，一经发现，取消相关优惠政策。

2. 工业炉窑综合治理

深入开展燃煤锅炉综合整治。开展燃煤锅炉排查并建成清单和管理台账，基本淘汰每小时 35 蒸吨及以下燃煤锅炉，积极实施每小时 65 蒸吨及以上燃煤锅炉节能和超低排放改造。关闭 30 万 kW 及以上热电联产电厂供热半径 15 km 范围内的燃煤小锅炉和燃煤小热电。

实施工业炉窑大气污染综合治理。一是严格建设项目环境准入，新建涉及工业炉窑的项目要进入园区，严禁新增钢铁、焦化、铸造、水泥、平板玻璃等项目燃料类煤气发生炉。二是加大不达标工业炉窑淘汰力度。完善工业炉窑管理清单，全面清理淘汰类工业炉窑、加快推进限制类工业炉窑升级改造。加快淘汰炭化室高度 4.3 m 以下、运行 10 年以上焦炉。三是加快燃料清洁化改造。对现有以煤、石油焦、渣油、重油等为燃料的工业炉窑实行清洁化改造。加大煤气发生炉淘汰力度、逐步淘汰化肥行业固定床间歇式煤气化炉。四是实施污染深度治理。配套建设高效脱硫脱硝除尘设施，严格执行行业特别排放限值规定，全面加强无组织排放和挥发性有机物综合治理。五是加强炉窑企业运输结构调整。大宗货物年货运量 150 万 t 及以上的，全部修建铁路专用线，新、改、扩建涉及大宗物料运输的项目原则上不得采用公路运输。六是建立健全监测监控体系。加快工业炉窑大气污染物排放自动监控设施，通过分布式控制系统等，自动连续记录工业炉窑环保设施运行及生产过程的主要参数。

3. 挥发性有机物排放综合整治

大力推进源头替代，有效减少 VOCs 产生。将全面使用符合国家要求的低 VOCs 含量原辅材料的企业纳入正面清单和政府绿色采购清单。推进政府绿色采购，要求家具、印刷等政府定点招标采购企业优先使用低挥发性原辅材料，鼓励汽车维修等政府定点招标采购企业使用低挥发性原辅材料；将低 VOCs 含量产品纳入政府采购名录，并在政府投资项目中优先使用；引导将使用低 VOCs 含量涂料、胶粘剂等纳入政府采购装修合同环保条款。

开展重点行业 VOCs 综合治理现状评估。对于重点行业要求低 VOCs 含量的涂料、油墨、粘胶剂等使用率不低于 90%；含 VOCs 物料在储存、转运、设备和管线组件泄露等工艺过程中，VOCs 管控要求达到国家《重点行业挥发性有机物综合治理方案》及《挥发性有机物无组织排放控制标准》相关要求。

提升污染防治措施综合治理效率。对企业现有 VOCs 废气收集率、治理设施同步运行率和去除率检查，重点关注单一采用光氧化、光催化、低温等离子、一次性活性炭吸附、喷淋吸收等工艺的治理设施，对达不到要求的 VOCs 收集、治理设施进行更换或升级改造，确保实现达标排放。

4. 重点行业清洁生产审核

积极推进清洁生产审核工作，不断提高重点行业清洁生产水平，大幅降低污染物排放强度和能耗。

全面落实强制性清洁生产审核要求，制定清洁生产审核实施方案（2021—2023 年），以能源、冶金、焦化、建材、有色、化工、印染、造纸、原料药、电镀、农副食品加工、工业涂装、包装印刷等行业作为当前实施清洁生产审核的重点。开展清洁生产水平和绩效整体评估。

推进清洁生产审核模式创新。根据企业的生产工艺情况、技术装备水平、能源资源消耗状况和环境影响程度的不同，探索实施差别化清洁生产审核；积极探索行业、工业园区和企业集群整体审核模式，提升行业、工业园区和企业集群整体清洁生产水平。

5. “散乱污”企业综合整治

制定“散乱污”企业整治方案及标准，开展拉网式排查，实施“一企一策”精准帮扶。分类处置、规范引导。对于符合规划布局、经过整治提升可以达到要求的企业列入提升改造计划，通过提升改造推进企业向规范化、高端化和绿色化转型；对于布局较分散但已形成特色产业的企业，列入整合搬迁类，通过科学规划布局，建设特色园区，并积极引导该类企业入园；对于不符合产业政策或规划布局要求，且环保设施不完善、不具备升级改造条件的企业，列入关停取缔类，做到“两断三清”。

严防“散乱污”企业反弹。制定“散乱污”企业动态管理机制，将完成整改的企业及时移出“散乱污”清单，对新发现的“散乱污”企业建档立册，纳入管理台账。夯实网格化管理，落实乡镇街道属地管理责任，定期开展排查整治工作，发现一起、整治一起。坚决防止已关停取缔的“散乱污”企业死灰复燃、异地转移，充分运用电网公司专用变压器电量数据以及卫星遥感、无人机等技术，扎实开展“散乱污”企业排查及监管。

6.2.4 散煤治理

推进清洁取暖散煤替代工程。坚持“宜电则电、宜气则气、宜煤则煤、宜热则热”，按照“以气定改、以供定需、先立后破”的原则，集中资源大力推进散煤治理。在保障能源供应的前提下，完成平原地区生活和冬季取暖散煤替代，基本建成无散煤区。在山区等暂不具备清洁能源替代条件的地区，允许使用“洁净煤+节能环保炉具”“生物质成型燃料+专用炉具”等方式取暖。“十四五”期间，建成区及周边城乡接合部清洁取暖覆盖率达到100%，农村地区达到70%以上。对于散煤污染较突出的定襄县等，科学制定清洁取暖改造方案。忻府区、原平市、定襄县实现平原地区散煤清零。

严防散煤复烧。对整体已完成清洁取暖改造并稳定运行的地区，依法划定“禁煤区”，并制定实施相关配套政策措施。加强监督检查，严厉查处“禁煤区”内散煤销售，对“禁煤区”内的散煤和燃煤设施要尽快清理，防止已完成清洁取暖改造的用户散煤复烧。

6.2.5 大气综合污染防治

1. 秸秆禁烧管控

坚持疏堵结合，加大政策支持，建立完善的秸秆还田、收集、储存、运输社会化服务体系，基本形成布局合理、多元利用、可持续运行的综合利用格局，到2025年秸秆综合利用率达到90%以上。

全面加强秸秆禁烧管控，强化县乡村三级秸秆禁烧主体责任，建立以村为单位的网格化监管制度，并将秸秆禁烧纳入森林防火体系。强化卫星遥感、无人机等应用，鼓励在重点地区建设秸秆焚烧火点监测监控系统，提高秸秆焚烧火点监测的效率和水平。在秋冬季开展秸秆禁烧专项巡查。严防因秸秆露天焚烧造成区域性重污染天气。

2. 交通运输污染防治

(1) 加快交通运输结构转型

推进货运方式绿色化转型。全面落实《山西省推进运输结构调整实施方案》，对于大宗货物年运量 150 万 t 以上的大型工矿企业全部修建铁路专用线；重点煤矿企业全部接入铁路专用线，钢铁、电解铝、电力、焦化等重点企业铁路专用线接入比例不低于 80%。位于城市规划区的电力、钢铁、焦化等行业企业进出厂区大宗物料全部采用铁路或管道、管状带式输送机等清洁方式运输，公路运输采用新能源车辆。2025 年底前，全市铁路货运量较 2020 年增加 2 000 万 t。

(2) 强化机动车环保排放监管

推进柴油货车治理。加快淘汰老旧柴油货车，落实交通运输部等 5 部门联合印发的《关于加快推进京津冀及周边地区、汾渭平原国三及以下排放标准营运柴油货车淘汰工作的通知》，采取综合措施积极稳妥推进，全面淘汰国三及以下营运类柴油货车。2022 年 12 月 1 日起，全面实施非道路移动柴油机械第四阶段排放标准，2023 年 7 月 1 日起，实施轻型车和重型车国 6b 排放标准。

严厉打击机动车超标排放违法行为，消除柴油车冒黑烟现象。重型柴油货车日运输量 10 辆以上的重点用车单位，安装门禁和视频监控系统，记录进出厂运输车辆完整车牌号。

大力推广新能源汽车。在公交、环卫、邮政、出租、通勤、轻型物流配送等领域大力推广使用新能源和清洁能源汽车。在物流园、产业园、工业园、大型商业购物中心、农贸批发市场等物流集散地建设集中式充电桩和快速充电桩。

加强车用油品质量监管。严厉打击生产、加工、销售不合格油品；加强对油品制售企业监督管理，组织开展车用油品监督检查。

3. 城市扬尘污染防控

精细化管控施工扬尘，全面推行绿色施工，严格执行城市工地施工过程“六个百分之百”，将扬尘管理工作不到位的不良信息纳入建筑市场信用管理体系，情节严重的，列入建筑市场主体“黑名单”。

综合治理道路扬尘，提高城市道路水洗机扫作业比例，加大各类工地、物料堆场、渣土消纳场等出入口道路清扫保洁力度。加强煤矿企业厂区道路、厂区与周边道路连接路段的路面硬化。鼓励引导企业加快发展封闭厢式货车、集装箱运输车，积极探索重型散装物料货车集装箱运输或硬密闭措施运输。积极推广使用物料表面喷洒覆盖剂等抑尘技术。

推进露天矿山综合整治。建立全市露天矿山综合整治台账，依法关闭露天矿山，组织开展露天矿山绿化修复。全面推进矿石堆场、干散货物料堆放场所围挡、苫盖、自动喷淋等抑尘设施，以及物料输送装置吸尘、喷淋等防尘设施建设。

6.3 持续改善水环境质量

6.3.1 保障饮用水水源环境安全

(1) 持续推进饮用水水源规范化建设

全面开展重要饮用水水源地安全保障达标建设，对全市乡镇及以上集中式饮用水水源保护区开展定期监测和调查评估，依法清理集中式饮用水水源保护区内违法建筑及排污口。加快完成备用水源建设，研究构建水源保护区特征污染物预警技术，完善应急处置技术库，提高预警和应急处置能力。

加强农村分散型饮用水水源保护，开展地下水饮用水水源安全防控体系建设示范试点，划定饮用水水源保护范围并依法取缔保护区内排污设施和活动，完善监测制度，及时掌握各取水点水质状况，扎实推进农村供水保障工程建设，开展水质监测评估，推进污染治理和水质保护。

因地制宜在一级和二级水源保护区周边设置界限标志和隔离防护设施。

(2) 防范饮用水水源环境风险

防范地下水型水源地补给径流区内垃圾填埋场、危险废物处置场、煤炭开采、煤化工等典型污染源的环境风险。县级及以上地方人民政府要制定饮用水源污染应急预案，建立饮用水水源地风险评估机制，提高饮用水水源地应急能力，建立饮用水水源地的污染来源预警、水质安全应急处理和水厂应急处理三位一体的饮用水水源地应急保障体系。

(3) 加强监测能力建设和信息公开

以水源空间布局为核心，优化调整水环境监测网络。明确不同级别水源监测项目和频次，建立水源定期监测和随机抽检制度。定期公布饮用水水源水质监测信息，接受社会监督，防范水源环境风险。

(4) 改善水源地生态环境

实施水源涵养和修复措施。在重要水源地营造林木，提升水源涵养和水土保持能力，改善水源地生态环境，加强集中式地下水饮用水水源地保护。

6.3.2 狠抓工业污染防治

1. 促进产业转型发展

严格环境准入。根据控制单元水质目标和主体功能区规划要求，细化功能分区，实施差别化环境准入政策。

优化空间布局。新建企业原则上均应建在工业集聚区。推进企业向依法合规设立、环保设施齐全、符合规划环评要求的工业集聚区集中，并实施工业集聚区生态化改造。流域干流及一级支流沿岸，切实开展煤炭开采、煤化工等重点行业企业的空间分布优化，合理布局生产装置及危险化学品仓储等设施。有序推进产业梯度转移，强化承接产业转移区域的环境监管。

强化水环境承载能力约束作用。建立水环境承载能力监测评价体系，实行承载能力监测预警，已超过承载能力的地区要统筹衔接水污染物排放总量和水功能区限制纳污总量，实施水污染物削减方案，加快调整发展规划和产业结构。汾河、滹沱河等重要支流要控制煤炭开采及煤化工等行业发展速度和经济规模。

2. 实施工业污染源全面达标排放计划

加强工业污染源排放情况监管。完成所有行业污染物排放情况评估工作，全面排查工业污染源超标排放、偷排、偷放等问题。强化黄河、海河流域主要涉水企业环保设施运行监管。将具备安装在线监控设施条件的主要涉水企业纳入在线监控范围，并把企业用电量变化情况作为企业环保设施运行的参考依据。深化网格化监管制度，将监管责任落实到具体责任人，全面落实“双随机”制度，加强日常环境执法工作。

以农副食品加工、化工、印染等行业企业为监管重点，强化厂区初期雨水收集处理及回用，工业雨水排口实施非汛期封堵。

加强企业污染防治指导。完善行业和地方污染物排放标准体系，有序衔接排污许可证发放工作。督促、指导企业按照有关法律法规及技术规范要求严格开展自行监测和信息公开，提高企业的污染防治和环境管理水平。

3. 加强工业集聚区环境管理

强化工业集聚区污水集中处理设施。实行“清污分流、雨污分流”，实现废水分类收集、分质处理，入园企业应在达到国家或地方规定的排放标准后接入集中式污水处理设施处理，加强园区企业排水监督，确保集中处理设施稳定达标，园区集中式污水处理设施总排口应安装自动监控系统、视频监控系统，并与环境保护主管部门联网。新增省级工业集聚区同步规划、建设污水集中处理和中水回用设施，并加装在线监控装置。积极推进工业园区工业废水近零排放及资源化利用试点。

6.3.3 深化黑臭水体整治

加快推进城市黑臭水体整治，采取控源截污、垃圾清理、清淤疏浚、生态修复等措施，进一步加大黑臭水体治理力度。对已完成整治的黑臭水体，建立长效管理机制，巩固城市黑臭水体治理成效。加快县城建成区黑臭水体排查整治，统筹实施农村黑臭水体治理及水系综合整治，坚决防止城市黑臭水体反弹，逐步消除农村黑臭水体。

6.3.4 加强水环境日常管理

强化入河排污口监督管理。有序开展黄河、海河流域入河排污口“查测溯治”，对保留的入河排污口，建档立牌公示。优化调整境内黄河及重点支流排污口、取水口布局，编制相关整治规划，对入河排污布局问题突出、威胁饮水安全或水质严重超标区域的排污口实施综合整治。研究制定“四河”及入黄支流入河排污总量控制指标，实施水环境质量与入河排污总量双考核。

加强水功能区监督管理，建立健全水功能区分级分类监督管理体系，强化排污总量管理。定期开展水质监测，实施规范管理。完善预警保障机制，强化水质自动监测站运行管理，特别对滹沱河梵王寺、定襄桥、代县桥，强化自动监测站数据预警分析功能，对牧马河陈家营断面加大人工采样监测频次，建立会商机制，科学分析研判断面水质状况，采取防范措施，即时遏制水质异常波动。

发挥“双主任”制度的河长制优势，全力攻坚汾河流域污染治理，统筹推进黄河水资源保护、水资源利用、水污染治理，加强水体水系常态化监管，推进城市污水截流、雨污分流改造，坚决防止黑臭水体反弹，加强管网设施维护和系统改造，全面改善水环境质量。

6.4 推进重点区域土壤污染防治

6.4.1 实施农用地分类管理

划定农用地土壤环境质量类别。在土壤污染状况详查基础上，按污染程度将农用地划为三个类别，未污染和轻微污染的划为优先保护类，轻度和中度污染的划为安全利用类，重度污染的划为严格管控类，以耕地为重点，分别采取相应管理措施，保障农产品质量安全。开展耕地土壤和农产品协同监测与评价,推进耕地土壤环境质量类别划定,逐步建立分类清单,根据土地利用变更和土壤环境质量变化情况,定期对各类别耕地面积、分布等信息进行更新。

切实加大保护力度。将优先保护类耕地划为永久基本农田,实行严格保护,确保其面积不减少、土壤环境质量不下降,除法律规定的重点建设项目选址确实无法避让外,其他任何建设不得占用。推行秸秆还田、增施有机肥、少耕免耕、粮豆轮作、农膜减量与回收利用等措施。

全面落实严格管控。加强对严格管控类耕地的用途管理,依法划定特定农产品禁止生产区域,严禁种植食用农产品;对威胁地下水、饮用水水源安全的,要制定环境风险管控方案,并落实有关措施。

6.4.2 严控建设用地开发利用环境风险

在重点行业企业用地土壤污染状况排查基础上,掌握污染地块分布及其环境风险情况。建立调查评估制度,对拟收回的有色金属冶炼、石油加工、化工、焦化、电镀、制革等行业企业用地,以及上述企业用地拟改变用途为居住、商业和学校等公共设施用地的,开展土壤环境状况调查评估。

据建设用地土壤环境调查评估结果,建立污染地块名录及其开发利用的负面清单,合理确定土地用途。土地开发利用必须符合规划用地土壤环境质量要求,达不到质量要求的污染地块,要实施土壤污染治理与修复,暂不开发利用或现阶段不具备治理修复条件的污染地块,要划定管控区域,采取监管措施。针对典型污染地块,实施土壤污染治理与修复试点。

6.4.3 加强土壤重金属污染控制

严格执行重金属污染物排放标准并落实相关总量控制指标,加大监督检查力度,对整改后仍不达标的企业,依法责令其停业、关闭,并将企业名单向社会公开。继续淘汰涉重金属重点行业落后产能,完善重金属相关行业准入条件,禁止新建落后产能或产能严重过剩行业的建设项目。制定涉重金属重点工业行业清洁生产技术推行方案，鼓励企业采用先进生产工艺和技术。

提高铅酸蓄电池等行业落后产能淘汰标准，逐步退出落后产能，按照《山西省废铅蓄电池集中收集和跨区域转运制度试点工作实施方案》建立规范有序的废铅蓄电池收集处理体系。

开展涉镉重点行业企业排查整治。对全市范围内有色金属采选及冶炼、镍镉电池生产及电镀等涉镉行业企业、历史遗留工业废渣堆存场所、关停搬迁和历史遗留涉镉等重金属企业全面梳理，及时纳入污染源整治清单。因地制宜开展重金属污染环境修复技术示范工程。

6.4.4 土壤污染治理与修复技术应用示范

制定土壤污染治理与修复规划，开展典型区域受污染农用地治理修复试点示范；针对焦化、化工、有色金属矿采选、有色金属冶炼等典型行业污染地块，加快实施忻州云马焦化有限公司污染地块、山西天柱山化工有限责任公司污染地块、原平化工有限责任公司污染地块、原平钢铁厂搬迁污染地块等典型污染地块治理修复试点示范。到2025年，受污染耕地安全利用率达到98%，污染地块安全利用率达到95%以上。到2030年，受污染耕地安全利用率达到100%，污染地块安全利用率达到98%以上。

6.5 固体废物污染防治规划

6.5.1 提升工业固体废物综合利用水平

大力推进工业固体废物综合利用，提升工业固体废物综合利用和处理处置技术水平。以典型大宗工业固体废物为重点，科学规划煤矸石、粉煤灰、脱硫石膏、冶炼渣等综合利用发展方向，包括煤矸石发电、供热、充填采空区、烧结砖、制水泥、制玻璃微珠，粉煤灰制水泥、新型墙材，脱硫石膏制石膏板、水泥，钢铁冶炼渣粉磨超细粉等固废资源多途径高质量发展。围绕固体废物产生量大的工业园区，就近布局资源综合利用项目，形成园区固体废物资源循环利用模式，逐步实施“以用定产”，倒逼企业强化综合利用。

提高尾矿综合利用率。开展铁尾矿伴生多金属的高效提取、富铁老尾矿低成本再选等工程示范，建成一批具有带动效应的铁尾矿综合利用示范基地。建成一批有色金属尾矿中残余有用组分和伴生有用组分高效分离提取、非金属矿物高值利用、低成本高效胶结充填、尾矿酸性废水减排和尾矿库高效复垦等具有带动效应的示范工程。重点推进低成本充填和生态环境治理等尾矿综合利用。新建铁路专用线、公路等大型公共基础设施工程优先选用尾矿、煤矸石和粉煤灰等作为填筑材料。

设立工业技术改造绿色发展专项持续奖励以废弃物资源综合利用、清洁生产为重点的绿色园区、绿色工厂、绿色供应链、绿色产品创建活动，加大对节能技术改造、工业固废资源综合利用项目支持力度。

6.5.2 危险废物规范化处置

1. 危险废物污染防治

开展危险废物基础信息调查。摸清危险废物种类、产生量、贮存量、处理处置量等基本情况，完善危险废物管理台账，建立并完善全市危险废物产生单位和处置单位信息共享平台。

加强危险废物源头控制。加强危险废物识别、管理计划、申报登记、转移联单、经营许可、应急预案、标识等全过程管理；严格落实危险废物经营许可证制度，对危险废物产生单位加强监管，杜绝危险废物非法转移。完善建设项目环境影响评价中有关危险废物环境风险评估的相关制度；加强危险废物污染防治和应急处置技术研发推广，开展典型危险废物利用处置技术集成与示范。

实现危险废物闭环管理。2022 年底建立较为完善的危险废物收集、利用、处置体系，推进危险废物优先综合利用，鼓励新建园区和有条件的化工园区配套建设危险废物处置设施。

2. 医疗废物集中处置

规范医疗废弃物收集、贮运和处置工作，建立完善医疗废弃物管理处置长效机制，实现市域内医疗废弃物集中处置全覆盖。

加强医疗废物集中处置设施建设。根据关于印发《医疗废物集中处置设施能力建设实施方案》的通知要求，忻州市需至少建成 1 个高标准医疗废物集中处置设施；每个县(市)要建成医疗废物收集转运处置体系，实现县级以上医疗废物全收集、全处理，并逐步覆盖到建制镇，争取农村地区医疗废物得到规范处置。

明确医疗废物处置要求。各医疗机构按照《医疗废物分类目录》等要求制定具体的分类收集清单。严格落实危险废物申报登记和管理计划备案要求，依法向生态环境部门申报医疗废物的种类、产生量、流向、贮存和处置等情况。严禁混合医疗废物、生活垃圾和输液瓶(袋)，严禁混放各类医疗废物。

规范医疗废物贮存场所(设施)管理，不得露天存放。及时告知并将医疗废物交由持有危险废物经营许可证的集中处置单位，执行转移联单并做好交接登记，资料保存不少于 3 年。医疗废物集中处置单位要配备数量充足的收集、转运周转设施和具备相关资质的车辆，至少每 2 天到医疗机构收集、转运一次医疗废物。要按照《医疗废物集中处置技术规范(试行)》转运处置医疗废物，防止丢失、泄漏，探索医疗废物收集、贮存、交接、运输、处置全过程智能化管理。对于不具备上门收取条件的农村地区，可采取政府购买服务等多种方式，由第三方机构收集基层医疗机构的医疗废物，并在规定时间内交至医疗废物集中处置单位。确不具备医疗废物集中处置条件的地区，医疗机构应当使用符合条件的设施自行处置。

建立医疗废物信息化管理平台，覆盖医疗机构、医疗废物集中贮存点和医疗废物集中处置单位，实现信息互通共享，及时掌握医疗废物产生量、集中处置量、集中处置设施工作负荷以及应急处置需求等信息，提高医疗废物处置现代化管理水平，实现医疗废物的收集、贮存、交接、运输和处置的全过程闭环管理。

规划期实现全市城乡医疗废物集中处置全覆盖；医疗机构医疗废物实行分类收

集合格率达 100%；医疗废物使用专项包装物及容器合格率达 100%；医疗废物交由有资质的单位集中处置率达 100%。

6.5.3 生活垃圾无害化处理

完善生活垃圾处理设施建设。重点推进忻州市生活垃圾焚烧热电联产二期项目、忻州市餐厨废弃物资源化利用项目二期、忻州市危废处置中心项目、忻州市危废安全填埋场建设项目、五寨县生活垃圾焚烧热电联产项目、保德县生活垃圾焚烧热电联产项目设施建设。鼓励和推广垃圾分类收运处理。

完善生活垃圾转运体系。城市建成区应实现生活垃圾全部收集，重点示范镇和重点镇应建立完善的生活垃圾收转运系统。统筹布局压缩式生活垃圾转运站。推广密闭化收运，减少生活垃圾收转运过程中的二次污染。

规范处置垃圾渗滤液。对生活垃圾处理设施进行升级改造，新建或升级渗滤液处理设施，开展填埋气体收集利用及再处理工作，减少甲烷等温室气体排放。

规划到 2025 年，忻州市城镇生活垃圾无害化处理率达到 100%，各填埋场配套建设规范的渗滤液处理站。

实行生活垃圾分类处置。在忻州市中心城区、原平市区和五台山风景名胜区实现公共机构实行生活垃圾分类示范的基础上，全市各县城区、五台山风景名胜区建成体制规范、机制完善的生活垃圾分类处理系统，同步实施乡镇生活垃圾分类处置，最终实现全市城乡生活垃圾分类处理全覆盖。

6.5.4 开展塑料污染防治

加强对禁止生产销售塑料制品的监督检查。市场监管部门要开展塑料制品质量监督检查，依法查处生产、销售厚度小于 0.025 mm 的超薄塑料购物袋和厚度小于 0.01 mm 的聚乙烯农用地膜等行为；按照规定对纳入淘汰类产品目录的一次性发泡塑料餐具、一次性塑料棉签、含塑料微珠日化产品等开展执法工作。

加强对零售餐饮等领域禁限塑的监督管理。加强对商品零售场所、外卖服务、各类展会活动等停止使用不可降解塑料袋等的监督管理。推动集贸市场建立购物袋集中购销制度,进一步规范集贸市场塑料购物袋的销售和使用。加强对景区景点餐饮服务禁限塑的监督管理。

推进农膜治理。市农业农村部门要加强与供销合作社协作,组织开展以旧换新、经营主体上交、专业化组织回收等,推进农膜生产者责任延伸制度试点,推进农膜回收示范县建设,健全废旧农膜回收利用体系。对市场销售的农膜加强抽检抽查,将厚度小于 0.01 mm 的聚乙烯农用地膜、违规用于农田覆盖的包装类塑料薄膜等纳入农资打假行动。

规范塑料废弃物收集和处置。结合实施生活垃圾分类,加大塑料废弃物分类收集和处理力度,推动将分拣成本高、不宜资源化利用的低值塑料废弃物进入生活垃圾焚烧发电厂进行能源化利用,减少塑料垃圾的填埋量。

开展塑料垃圾专项清理。开展规模较大的生活垃圾非正规堆放点及农田残留地膜清理整治行动。

6.6 环境风险防范规划

坚持预防为主,构建以企业为主体的环境风险防控体系,优化产业布局,加强协调联动,提升应急救援能力,实施全过程管控,有效应对重点领域重大环境风险。

6.6.1 严格环境风险源头防控

加强环境风险评估。强化企业环境风险评估,2022 年底前,完成化工、医药、电力、钢铁、水泥、有色、危化品和石油类仓储、涉重金属和危险废物等重点企业环境风险评估,为实施环境安全隐患综合整治奠定基础。开展黄河、汾河、滹沱河等主要流域累积性环境风险评估,划定高风险区域,从严实施环境风险防控措施。开展工业园区、饮用水水源、重要生态功能区环境风险评估试点。重大环境风险企业应投保环境污染责任保险。

强化工业园区环境风险管控。实施技术、工艺、设备等生态化、循环化改造，加快布局分散的企业向园区集中，按要求设置生态隔离带，建设相应的防护工程。选择忻州开发区、忻州煤化工循环经济工业园等典型工业园区开展环境风险预警和防控体系建设试点示范。

6.6.2 遏制重点领域重大环境风险

确保集中式饮用水水源环境安全。加强饮用水水源风险防控体系建设。无备用水源的城市要加快备用水源、应急水源建设。

严防交通运输次生突发环境事件风险。加强危化品道路运输风险管控及运输过程安全监管，推进危化品运输车辆加装全球定位系统(GPS)实时传输及危险快速报警系统，在集中式饮用水水源保护区、自然保护区等区域实施危化品禁运，同步加快制定并实施区域绕行运输方案。

加大固体废物环境风险排查整治力度，强化重点行业企业工业固体废物(危险废物)处置场的环境风险隐患排查，建立问题清单，强化问题整改。进一步加大历史遗留堆场整治力度，消除工业固废堆场历史遗留环境问题。开展尾矿库环境风险隐患排查治理和环境风险评估，建立"一库一档"，实施分级分类管理。

实施有毒有害物质全过程监管。全面调查全市范围内危险废物产生、贮存、利用和处置情况，摸清危险废物底数和风险点位。开展专项整治行动，严厉打击危险废物非法转运。加快重点区域危险废物无害化利用和处置工程的提标改造和设施建设，推进历史遗留危险废物处理处置。

提升核与辐射安全水平。加强核与辐射安全监管，强化核技术利用企业安全主体责任，开展核与辐射安全隐患排查。强化高风险移动放射源监管，推进核与辐射监测能力建设。强化电磁辐射环境质量常规监测和电磁辐射水平监测，开展移动通信基站监督性监测。推进放射性污染防治，实施城市放射性废物库安全改造和安保升级，持续强化废旧放射源、长期闲置放射源的收、送、贮工作，确保废旧放射源100%安全收贮。加强对伴生放射性矿开发利用企业的监管，强化监督性监测，对伴生放射性废渣处置进行核查。

6.6.3 加强环境应急能力建设

加强环境应急预案编制与备案管理。在化工、钢铁等行业定期开展预案评估，筛选一批环境应急预案并推广示范。涉危涉重企业完成基于环境风险评估的应急预案编制，开展电子化备案试点。以集中式饮用水水源为重点，推动突发水环境事件应急预案编制。

建立流域突发环境事件监控预警与应急平台。排放有毒有害污染物的企业事业单位，必须建立环境风险预警体系，加强信息公开。以黄河干流和汾河、滹沱河等主要支流为重点，建设流域突发环境事件监控预警体系。

强化环境应急队伍建设和物资储备。开展环境应急队伍标准化、社会化建设。以化工、钢铁、矿山采选等行业为重点，加强企业和园区环境应急物资储备。积极推动环境应急能力标准化建设，强化辐射事故应急能力建设。

6.7 城乡人居环境建设规划

6.7.1 提升生活污水处理水平

加快推进城乡污水处理设施建设。全面补齐城镇生活污水处理短板。完成云中污水处理厂建设，宁武县、静乐县完成县城及宁武县东寨污水处理设施扩容建设，进一步提高生活污水收集处理水平。尚未建成生活污水处理设施的重点镇，加快推进建设进度，全部建成生活污水处理设施。2 000 人以上的镇要逐步建设生活污水处理设施，黄河流域、海河流域所有城镇生活污水处理设施配套建设进水调节池，并完成双回路供电改造。

强化城镇生活污水处理厂运行管理。加快推进忻州市城镇污水处理厂出水COD、氨氮、总磷、总氮四项指标达地表水Ⅴ类标准的提标改造工作。同时实施城镇污水处理率、设施运行负荷率双控，设区城市污水处理厂日常运行负荷率不高于80%，其他县不高于85%，鼓励采取“厂区一体化”运行管理模式。

严格城镇污水处理厂执行监管。强化城镇污水处理厂进出水水质、水量监管，依法加大对污水处理厂超标排放的处罚力度。城镇污水集中处理设施的运营单位应当配套建设污水水质监测设施，对城镇污水集中处理设施的进出口水质、水量进行监测，监测数据与生态环境部门实时联网共享完善。

强化污泥安全处理处置。污水处理设施产生的污泥应进行稳定化、无害化和资源化处理处置，禁止处理处置不达标的污泥进入耕地。2022年12月，忻州市污泥干化焚烧无害化处置项目建设投运。到2025年，城市污泥无害化处置率达到90%。

深化城镇污水处理提质增效三年行动，实施城镇生活污水收集管网系统排查整治。各县建成区生活污水实现全收集、全处理。推动现有合流制排水系统加快实施雨污分流改造，因地制宜开展初期雨水收集、储蓄、净化、回用等工程建设，有效防范初期雨水污染河流。到2023年，现有合流制排水系统全部完成雨污分流改造，到2025年，城市生活污水集中收集率达到75%，基本实现忻州建成区污水零排放。

6.7.2 实施生活垃圾治理攻坚

推进生活垃圾分类管理和无害化处置，建设无废城市。按照“市级统筹、分级落实、部门联动、梯次推进、全民参与”的工作原则，全面推行生活垃圾分类工作。2022年，全市各县城区、五台山风景名胜区建成体制规范、机制完善的生活垃圾分类处理系统，同步实施乡镇生活垃圾分类处置，最终实现全市城乡生活垃圾分类全覆盖。

加快推进乡镇生活垃圾转运体系建设。重点推进14个县(市、区)的乡镇生活垃圾转运体系建设，2022年实现稳定运行。加快生活垃圾焚烧设施建设，按照统筹规划、合理布局、共建共享的原则，城市生活垃圾日清运量超过300 t的地区实现原生垃圾零填埋，推进农村生活垃圾就地分类和资源化利用。

6.7.3 打造绿色宜居生态空间

完善配套基础设施和公共服务设施，打造宜居的社区空间环境。建立党委统一领导、党政齐抓共管、住房城乡建设主管部门协调、有关部门各负其责、全社会积极参与的“共同缔造”活动领导体制，加大财政支持力度，建立“以奖代补”机制。在城市社区，重点推进2000年以前建成的环境条件差、配套设施不完善或破损严重、管理服务机制不健全、群众反映强烈的老旧小区改造。在农村地区，结合正在推进的农村人居环境整治三年行动和村庄清洁行动，进一步提升农村环境质量。

提高城市公厕建设管理水平。加快新建改造城市公厕力度，严禁随意拆除，确需拆除要“拆一补一、就近建设”；引导鼓励城市街道周边单位、商业门店、宾馆酒店等向社会开放自有厕所，多渠道增加公厕供给。

大力开展园林绿化。积极推进城市绿道、绿廊等建设，实现城市内外绿地连接贯通；实施群众身边增绿工程，加强城市中心区、老城区等绿化薄弱地区的园林绿化建设；积极推进国家生态园林城市创建，实现城市园林绿化建设、市政设施、节能减排和生态环境的整体提升。

构建环城绿色屏障。在城市环城地区大力开展植树造林。山区城市以周边可视范围内的山体绿化为主，平原区城市以环城林网为主，风沙区城市以宽环城林带为主，城市重点出入口以小片景观林为主，构建环城绿色屏障。持续开展环城绿化建设，鼓励并指导具备条件的县（市、区）开展全国绿化模范县市和国家森林城市创建活动，进一步提升城市周边绿化品质。

开展河湖水系治理。进一步加大城市河湖水系综合治理力度，推进河道清淤疏浚、堤防加固及生态景观绿化等重大项目实施，清理河岸垃圾杂物，实施城市河流和山洪沟道综合治理美化工程，改善水体及周边沿线生态环境。加强驳岸生态化建设，建设滨水步道，塑造亲水空间，实现河道清洁、河水清澈、河岸美丽。

6.7.4 改善农村人居环境质量

1. 加快建设农村环境基础设施

实施农村清洁工程，全面推进农村垃圾治理，到2025年，95%以上村庄的生活垃圾得到有效治理。扎实推进农村供水保障工程建设，完成农村集中式饮用水水源保护区划定工作。开展村庄绿化行动，推进村旁、宅旁、水旁、路旁、庭院以及公共活动空间的绿化。分区分类推进农村生活污水治理，优先选择饮用水水源保护区，黑臭水体集中区域，乡镇政府所在地，中心村，城乡接合部，旅游风景区，汾河、滹沱河干支流，桑干河、大清河支流四河沿岸七类区域的生活污水，开展污水治理，鼓励利用坑塘沟渠等自然处理系统，实现氮磷营养物归田，因地制宜做好“厕所革命”与农村生活污水治理的衔接，到2025年，农村生活污水治理率达到25%。

2. 加强农业污染防治

(1) 加强养殖污染防治

优化畜禽养殖空间布局。加快完成畜禽养殖禁养区划定工作，规范养殖行为，严禁河道放牧。大力推进养殖场粪污处理设施建设，推进畜禽粪污无害化处理和资源化处理，因地制宜推广粪污全量收集还田利用等技术模式。

控制水产养殖污染。优化水产养殖空间布局，以饮用水水源、水质较好湖库等敏感区域为重点，科学划定养殖区，明确限养区和禁养区，禁止在水库从事网箱投饵养殖，拆除超过养殖容量的网箱围网设施。改造生产条件、优化养殖模式，大力推进生态健康养殖。

(2) 推进农业面源污染治理

积极开展农业面源污染综合治理和有机食品认证示范区建设，加快发展生态循环农业，推行农业清洁生产，提高秸秆、废弃农膜、畜禽养殖粪便等农业废弃物资源化利用水平。推动建立农村有机废弃物收集、转化、利用三级网络体系，探索规模化、专业化、社会化运营机制。以有机废弃物资源化利用带动农村污水垃圾综合治理，培育发展农村环境治理市场主体。加强农作物病虫害绿色防控和专业化统防统治。合理施用化肥、农药，实施化肥、农药施用量零增长行动，开展化肥、农药减量利用和替代利用，加大测土配方施肥推广力度，引导科学合理施肥施药。加大农业畜禽、水产养殖污染物排放控制力度。

6.8 应对气候变化与低碳发展规划

6.8.1 大力发展可再生能源

以增强能源保供能力为目标,深入推进煤炭“减、优、绿”,大力发展可再生能源。有序发展集中式光伏电站,大力发展分布式光伏发电,不断扩大光伏发电规模。因地制宜开发小型风电场,形成集中开发与分散开发相结合的格局。合理有序开发丘陵和山区低风速资源,重点利用荒坡荒地、工业厂房、公共设施、居民住宅等各类资源,探索风能与其他能源互补发电及储能系统示范应用,支持小风电技术和微风电技术。探索应用地热能发电,逐步增加地热供暖(制冷)面积。推动忻府、定襄、原平、神池、五寨、岢岚和偏关等农林生物质资源丰富的县(市、区),有序布局农林生物质发电项目,推进生物质资源能源化循环利用和清洁利用。

加快推动忻州电力外送通道建设,着力破解电力送出和消纳方面的瓶颈问题。积极探索地方电力体制改革道路,加快构建价格真实、竞争有效、主体多元的电力市场体系。推进电力需求侧管理平台建设,加强电力需求侧管理。推进坚强智能电网建设,实现智能电网全覆盖,建成市调智能电网调度技术支持系统,为可再生能源开发和分布式能源发展提供支撑。

6.8.2 加强煤炭清洁高效利用

深化煤炭领域供给侧结构性改革,优质先进产能保持在 8 000 万 t 左右。开展人工智能在智慧矿山领域中的应用,建设智能化生产、安全保障、经营管理等多系统、多功能融合的一体化平台。深入推进河曲、宁武等县绿色矿山示范区项目建设,实施山西道生鑫宇清洁能源低阶煤分质综合利用项目,支持山西蓝天环保设备有限公司深化煤转煤粉应用,探索纳米级煤粉应用,推广高效改性型煤应用,积极探索新型煤炭利用方式,推动煤炭由传统燃料向新型材料转变。依托大型煤炭煤电基地建设热电联产项目，形成煤炭清洁高效利用战略性新兴产业链。

加快煤成气（煤层气、页岩气、致密气）产能建设步伐，按照“以储定产”的原则，重点推进已探明储量及已有煤层气开发区块、致密气区块稳产增产。统筹煤层气、煤炭抽采联动、立体开发，开展煤层气、页岩气、致密气“三气”综合开发试点。加大煤层气抽采水平和利用量，提升鄂东煤层气田保德区块北部井网完善及滚动扩边项目产出量。到 2025 年，煤炭产能控制在 12 000 万 t 左右，煤成气抽采量达到 6.5 亿 m^3/a，利用量达到 5.72 亿 m^3/a。煤炭先进产能占比达到 87%以上，电力总装机规模达到 3 200 万 kW 左右，清洁能源装机规模占比超过 60%，初步形成适应能源领域高质量发展的行业管理体系。

6.8.3 强化重点行业节能降碳

抢抓碳达峰碳中和机遇，以钢铁、有色、建材、化工等行业为重点，全面推行清洁生产，严格环保、节能、质量等标准，倒逼高耗能行业落后产能退出。大力发展循环经济，促进工业固体废物综合利用。聚焦“两高”重点领域，大力加强节能低碳、减污降碳技术改造，优化用能结构，促进能源消耗和污染排放显著降低。广泛开展绿色企业创建活动，引导企业实施绿色标准，推行绿色设计、开发绿色产品、建设绿色工厂，构建高效、清洁、低碳、循环的绿色制造体系。

全面推进既有高能耗建筑改造，加强建筑能耗监管，加大低碳建筑政策引导和扶持力度，打造低碳节能的城乡建筑群落。

加快城市道路网体系构建，加大支路网建设力度，改善交通微循环系统；优化交通出行结构，提高绿色出行比例；整治交通堵点，加强交通秩序管理，提高道路通行效率；发展“智慧交通”，提高交通管理智能化水平。到 2022 年，城市交通秩序明显好转，出行难得到明显改善。坚持公交优先，加大公交站点、公交专用道、步行和自行车道建设力度，倡导文明绿色出行。加快数字化智能交通基础设施建设，提升交通管理能力，提高道路通行效率。到 2025 年，全市新建改造城市道路 240 km，城市建成区道路网密度平均达到 8 km/km^2，建成区道路面积率达到 15%，城市公共交通出行分担率平均达到20%以上。

6.8.4 增加生态系统碳汇

加快推进造林绿化步伐，全市围绕“一核两区三河五路”进行布局。“一核”即围绕忻定原同城化，在忻州市城区周边忻府区、定襄县、原平市的核心发展区域开展林业生态建设；“两区”即吕梁山和太行山集中连片地区的生态治理修复；“三河”即黄河、汾河、滹沱河三条主要河流水源保护；“五路”即大运、五保、灵河、右芮、天黎五条主要高速通道为主要框架的通道绿化。

实施国省林业重点工程，举全力治理生态脆弱区、生态源头保护区、京津冀绿色屏障区、生态建设潜力区。积极开展碳汇造林，加强未成林地管护，扩大森林面积，增加森林碳汇。加强森林抚育，提高森林经营管理水平，促进森林结构不断优化，质量不断提升，增强固碳能力。强化全市湿地自然保护区保护与能力建设，稳定并增强湿地固碳能力。到2025年，全市新增造林200万亩（包括人工造林、封山育林、退化林分修复和人工更新造林），森林覆盖率提高到26%。

通过开展碳汇林高效固碳树种区域化选择和富碳栽培关键技术、碳汇林复合生态系统富碳经营模式、高效固碳碳汇林富碳栽培模式构建与示范、低效能源原材料林改建与富碳经营技术研发与示范等关键技术研发与集成，实现富碳条件下的碳汇林定向培育、高效固碳、低碳生产，充分发挥人工林丰产栽培的碳汇作用，延长富碳农业产业链，构建高效固碳碳汇林富碳林业产业链，促进农村产业结构调整，增加农民增收途径。

6.9 协同生态环境监测监管

提升生态环境监测监管能力。健全生态环境监测体系，完善环境质量监测网络，优化调整空气、地表水、地下水、土壤、声等环境质量监测站点设置和指标项目，提升细颗粒物与臭氧协同监测与预警能力。继续加强农村生态环境监测。推进重点排放区域和人居集中区域空气质量自动化监测全覆盖，空气质量例行监测点位无法覆盖的城镇镇区、开发区建设微型空气质量监测站。充分利用大数据等新一代信息技术，构建生态环境监测大数据平台。加大走航监测、激光雷达、卫星遥感等监测技术应用。探索建立生态质量监测体系，逐步建立覆盖重要生态空间和典型生态系统的生态质量监测站点与样地网络。加强生态环境保护气象监测网建设，建立省市县一体化环境气象智能化预报体系，开展精细化环境气象服务。完善污染企业监测体系，推动挥发性有机物、总磷、总氮、重金属等重点排污单位安装自动监测设备，焦化、化工、机加工为主导产业的园区（开发区、集聚区）建设总挥发性有机化合物监测站。进一步提升污染源自动监控水平，规范排污单位和工业园区污染源自行监测监控，实施污染防治设施在线视频监控试点。探索建立大气、水等污染溯源监测网络。

优化生态环境综合执法，"局队合一"强化综合行政执法职能，坚持"属地管理、重心下移"，减少执法层级，将生态环境部门所有计划性现场检查纳入"双随机、一公开"制度管理，统筹调配全省生态环境执法资源和执法力量开展综合执法行动，加强联合执法、交叉执法。开展"利剑斩污"专项行动，充分发挥公安机关打击违法犯罪主力军作用，依托公安大数据平台，拓展违法犯罪线索来源渠道，依法严厉打击各类破坏生态环境违法犯罪，坚持打击非法与保护合法并重，加强刑事司法与行政执法相互衔接。建立常态化、规范化监督执法正面清单，对信用评价等级高、长期稳定达标排放、环境风险低的企业减少抽查。以"互联网 + 监管"为基本手段，线上线下一体化监管，大力推行非现场执法模式，减少对企业的干扰，提高执法效率。严格执法程序和执法规范，强化执法监督和执法纪律。

提升生态环境信息化水平，利用新一代信息技术，提升精细化服务感知、精准化风险识别、网络化行动协作的智慧生态环境治理能力。依托数字政府建设，建立社会经济与资源环境数据要素资源体系。加快"智慧环保"建设，深入开展生态环境系统整合协同，推进生态环境大数据创新应用，加强各部门资源环境数据共享。

7

生态产品价值实现路径

7.1 生态产品价值的概念与内涵

7.1.1 生态产品

生态产品，首次提出自《国务院关于印发全国主体功能区规划的通知》(国发〔2010〕46号)，被界定为“维系生态安全、保障生态调节功能、提供良好人居环境的自然要素，包括清新的空气、清洁的水源和宜人的气候等”。文件还指出，生态功能区提供生态产品的主体功能主要体现在吸收二氧化碳、制造氧气、涵养水源、保持水土、净化水质、防风固沙、调节气候、清洁空气、减少噪音、吸附粉尘、保护生物多样性、减轻自然灾害等。同时，还明确一些国家或地区对生态功能区的“生态补偿”，实质上就是政府代表人民购买这类地区提供的生态产品。从需求角度，人类需求既包括对农产品、工业品和服务产品的需求，也包括对清新空气、清洁水源、宜人气候等生态产品的需求。在本质上，生态产品与国际上的生态系统服务(Ecosystem Services)相近，但具有鲜明的中国特色。

生态系统服务的研究始于20世纪70年代。1970年，“关键环境问题研究”(Study of Critical Environment Problems, SCEP)首次使用了生态系统服务的“Service”一词，并列出了自然对人类的“环境服务”(Environmental Services)包括害虫控制、洪水控制、水土保持、气候调节、物质循环和大气组成等方面。Holdren和

Ehrlich 将其拓展为"全球环境公共服务功能"，并在环境服务功能清单上增加了生态系统对土壤肥力和基因库的维持功能。20 世纪 90 年代以后，生态系统服务研究进入一个崭新的阶段，并成为生态学和生态经济学研究的热点和前沿，其标志性事件是 1997 年 *Nature's Services: Societal Dependence on Natural Ecosystems* 一书的出版和 *The Value of the World's Ecosystem Services and Natural Capital* 一文的发表。美国生态学会（Ecological Society of America，ESA）于 2004 年提出的"21 世纪美国生态学会行动计划"中，将生态系统服务作为生态学面对拥挤地球的首个生态学重点问题。2006 年，英国生态学会组织科学家与政府决策者一起提出了 100 个与政策制订相关的生态学问题（共计 14 个主题），其中第一个主题就是生态系统服务研究。然而，不同的学者对生态系统服务的定义存在差异，尤其是生态系统过程与功能的关系。目前，生态系统服务概念以 Daily 和 Costanza 等及千年生态系统评估（The Millennium Ecosystem Assessment，MA）提出的较有代表性。Daily 认为生态系统服务是自然生态系统及其组成物种所提供的能满足和维持人类生活所需要的条件和过程，它们维持生物多样性并进行生态系统物品的生产。Costanza 等将生态系统服务定义为生态系统物品和服务，代表人类直接或者间接地从生态系统的功能中获得的惠益。MA 则结合 Costanza 等和 Daily 的定义，将生态服务定义为人们从生态系统中获得的各种惠益。随后，国内一些学者也对生态系统服务的概念和内涵开展了探讨。

国内学者从研究生态系统服务起步，并随着研究的深入和实践的引导，逐步过渡到生态产品相关研究，逐渐使用生态产品或生态系统生产总值（Gross Ecosystem Product，GEP）的概念，并逐渐深化了其内涵特征、供给方式、生态产品价值实现模式等方面的研究。如表 7.1.1 所示，张林波和虞慧怡从生态产品与生态系统服务的定义内涵、构成内容、政策支持和使用语境进行了全面辨析。

总体来看，国内学者对生态产品的认识界定不一，最具有共识的理解是生态产品指满足人类需求的清新空气、清洁水源、适宜气候等等自然产品供给、调节服务和文化服务，而且往往具有公共产品的特征。有些学者则认为生态产品除此之外还包括农林产品供给，即人力与自然共同生产的，也有学者对生态产品的界定更为宽泛，即除上述类型之外，生态产品还包括生态标签产品，例如，通过清洁生产、循环利用、节能降耗等途径，减少对生态资源的消耗生产出来的有机食品、绿色产品、生态工业品等物质产品。可以看出，生态产品概念与内涵的分异在于生态产品是通过生物生产的纯自然的产品和服务，还是附加了人类劳动的产品。生态产品与生态系统服务的区别和联系如表 7.1.1 所示。

表 7.1.1　生态产品与生态系统服务的区别和联系

项目	生态产品	生态系统服务
概念内涵	指生态系统为人类福祉提供的终端产品或服务，除生态系统外，人类也是生态产品的生产供给者，同时反映了自然生态与人类、人类与人类之间的供给消费关系	指人类从生态系统中直接或间接获得的各种惠益，主要反映的是自然生态系统与人类之间的供给消费关系
构成内容	生态产品小于生态系统服务范围。生态产品是生态系统服务中直接、终端的产品和服务，不包含生态系统服务中的支持服务、间接过程和资源存量	生态系统为人类提供的所有环境条件和效用，即包括生态系统为人类提供的直接服务和间接服务，也包括生态系统自身的结构与功能，还包括一些生态资源存量
政策支持	生态产品将生态环境纳入人类经济体系之中，是生态系统服务价值在市场中实现的载体和形式，逐步成为绿水青山在实践中的代名词和可操作的抓手，对决策支撑和具体实践的作用更具体、更明确	生态系统服务价值化可以提高政府和公众保护生态环境的意识，但其本质仍将自然生态与人类经济看作是两个独立的系统，对实践意义和决策支撑作用较小
使用语境	多用于我国政府文件或实践应用领域中	更多地应用于学术领域和国外的相关研究中

7.1.2　生态产品价值

粗放式的经济发展方式造成了严重的生态破坏和环境污染，优美的生态环境变得越来越稀缺，保护修复生态环境的成本越来越高。同时，人民群众对优美生态环境的需求越来越强烈。在生态产品稀缺、有成本、需求高等背景下，就需要将优美生态环境“产品化”，形成其生产体系、交易体系和流通体系，让保护修复生态环境者获得合理回报，让破坏生态环境者付出相应代价。

生态产品价值定义为区域生态系统为人类生产生活所提供的最终产品与服务

价值的总和。生态产品的功能和价值体现在维系生态安全上，包括涵养水源、保持水土、固碳释氧、净化水质、防风固沙、调温增湿、降噪滞尘、维持生物多样性等，这些功能和价值用货币化的形式体现出来，就是生态产品的市场价值。生态环境部环境规划院和中国科学院生态环境研究中心2020年编制的《陆地生态系统生产总值(GEP)核算技术指南》中，将生态产品价值统称为生态系统生产总值(GEP)，即生态系统为人类福祉和经济社会可持续发展提供的各种最终物质产品与服务(简称"生态产品")价值的总和，主要包括生态系统提供的物质产品、调节服务和文化服务的价值。

中共中央、国务院2015年印发的《生态文明体制改革总体方案》明确提出：树立自然价值和自然资本的理念，自然生态是有价值的，保护自然就是增值自然价值和自然资本的过程，就是保护和发展生产力，就应得到合理回报和经济补偿。生态产品价值实现，实质上就是将绿水青山中蕴含的生态产品价值合理高效变现。"合理"是指生态产品的价值既要体现其稀缺性的溢价，又要包含其外部经济性的内部化；"高效"则是打破体制机制上的瓶颈制约，使得生态产品的变现渠道和路径更加畅通便捷。2021年中共中央办公厅、国务院办公厅出台了《关于建立健全生态产品价值实现机制的意见》，确立了"加快完善政府主导、企业和社会各界参与、市场化运作、可持续的生态产品价值实现路径，着力构建绿水青山转化为金山银山的政策制度体系"，明确了"到2025年，生态产品价值实现的制度框架初步形成""到2035年，完善的生态产品价值实现机制全面建立"的主要目标，并成为了指引生态产品价值实现机制建设的战略部署和生态文明建设的重要抓手。

7.2 面临的突出问题与挑战

目前，生态产品仍是个新概念，而且生态产品价值实现和转化尚处于探索阶段。总体而言，推进生态产品价值实现进程中还存在着对生态产品价值认知不足、核算基础亟需夯实、生态产品产权制度尚不健全、市场交易制度有待探索等问题。

7.2.1 对生态产品价值的社会认识有待提高

长期以来，由于生态产品的公共物品属性和外部性特征，不可避免地造成“公地悲剧”现象，生态产品价值也未得到社会的广泛重视。随着生态文明建设的深入推进，公众的生态环保意识不断增强，生态产品的重要性日益得到认可。然而，现阶段对于生态产品的价值仍缺乏充分的认识，造成生态产品价值及溢价效应被大大低估，更不知如何将经济价值转化出来。甚至有些地方在“唯 GDP”的惯性思维影响下，将生态保护和经济发展对立起来、将生态产品价值和经济价值对立起来，认为增加生态产品供给就要牺牲经济发展。这种价值观严重影响和阻碍了生态产品价值的实现，在一些经济欠发达地区则造成了对生态环境的破坏。

7.2.2 生态产品价值核算体系亟待夯实

价值核算评估是生态产品价值实现过程中的关键一环，然而，当前生态产品价值核算多是直接套用生态系统服务价值核算体系，并将供给服务、调节服务和文化服务分别核算后累加得到生态产品价值。然而，有些生态系统服务类型间存在着交叉或重叠，因而存在重复计算的问题。而且，生态产品价值核算还面临技术、数据和管理制度等方面的障碍。一方面，由于生态产品类型众多，同一类别生态产品的核算方法的科学性在国内外都存在诸多争议，整体核算就更难以达成共识。另一方面，由于资源环境基础数据薄弱，数据缺失不完整，部门之间数据不统一，难以支撑价值核算需求。目前，生态环境部环境规划院、中国科学院生态环境研究中心于 2020 年编制了《陆地生态系统生产总值（GEP）核算技术指南》，但也未得到广泛的应用。因而，建立一套相对科学完备、有完整数据支撑的生态产品价值核算方法体系仍存在较大难度。

7.2.3 生态产品产权制度尚不健全

生态资源权益交易是生态产品价值实现的重要途径。生态资源权益交易将生态资源转换为经济高质量发展的生产要素，在界定相关要素产权基础上，通过交易将其使用价值转化为真实的市场价值，既实现了生态资源权益的价值变现，又引导其向低污染、低消耗和高附加值行业和企业流转，达到优化配置和价值增值的双重目的。然而，生态产品涉及山水林田湖草等自然资源，这些资源存在国家、集体、中央、地方所有等不同权属性质，所有者是抽象的概念，缺乏具体的自然人代表，所有者职责不到位、所有权边界模糊，而所有权、承包权、经营权分离目前仅在耕地、林地等领域试点，产权不明晰导致市场交易缺乏基础。

7.2.4 生态产品市场交易体系仍处于探索阶段

生态产品价值实现主要以政府主导，市场路径仍处于探索阶段。我国排污权、用能权、用水权等能源环境权益交易多处于试点探索阶段，碳排放权仅在电力行业开始建设全国性交易市场体系，生态产品直接市场交易的渠道还没有彻底贯通。例如，截至 2022 年 7 月，全国碳排放交易市场正式启动上线交易一周年，碳排放配额成交量 1.94 亿 t，累计成交额 84.9 亿元，成交额明显偏低，侧面反映出交易参与主体相对单一、交易不活跃。

7.3 矿区生态产品价值实现的典型案例

7.3.1 生态产品价值实现的路径模式

作为维系生态安全、保障生态调节功能、提供良好人居环境的自然要素，生态产品具有典型的公共物品特征。因而，生态产品价值实现，实质上就是将绿水青山中蕴含的生态产品价值合理高效变现。尽管生态产品价值实现的基础理论尚不完善，甚至存在争议，但国内外已在生态产品价值实现的路径上开展了诸多探索与实践。我国自然资源部《生态产品价值实现典型案例》(第一批)将价值实现路径归纳为三条：①市场路径，主要表现为通过市场配置和市场交易，实现可直接交易类生态产品的价值；②政府路径，依靠财政转移支付、政府购买服务等方式实现生态产品价值；③政府与市场混合型路径，通过法律或政府行政管控、给予政策支持等方式，培育交易主体，促进市场交易，进而实现生态产品的价值。相应的做法主要有生态资源指标及产权交易、生态修复及价值提升、生态产业化经营、生态补偿等。基于近百个生态产品价值实现实践案例的整理分析，张林波等从生态产品价值的交换主体、交换载体、交换机制等角度，将生态产品价值实现的路径归纳为生态保护补偿、生态权益交易、资源产权流转、资源配额交易、生态载体溢价、生态产业开发、区域协同发展和生态资本收益 8 大类 22 小类模式（表 7.3.1）。

表 7.3.1　生态产品价值实现的实践模式

实践模式	定义	分类	特点
生态保护补偿	政府或相关组织机构从社会公共利益出发向生产供给公共性生态产品的区域或生态资源产权人支付的生态保护劳动价值或限制发展机会成本的行为，是公共性生态产品最基本、最基础的经济价值实现手段	纵向生态补偿、横向生态补偿、生态建设工程、个人补贴补助	由政府或公益组织作为购买代理人在统一的政策框架下向生态产品供给方实施的单方向的给予或补贴
生态权益交易	生产消费关系较为明确的公共性生态产品在满足特定条件时成为生态商品，直接通过市场化机制方式实现价值的模式	生态服务付费、污染排放权益、资源开发权益	公共性生态产品唯一直接通过市场交易实现价值的模式，生产者和消费者直接交易
资源产权流转	具有明确产权的生态资源通过所有权、使用权、经营权、收益权等产权流转实现生态产品价值增值的过程	耕地产权流转、林地产权流转、生态修复产权流转、保护地役权	涉及资源产权流转变更是其与其他相关模式的最大区别
资源配额交易	为了满足生态资源数量的管控要求而产生的资源配额指标交易，是不涉及资源产权的、纯粹的资源配额指标交易模式	总量配额交易、开发配额交易	纯指标交易对象是生态资源的存量
生态载体溢价	将无法直接进行交易的生态产品的价值附加在工业、农业或服务业产品上通过市场溢价销售实现价值的模式	直接载体溢价、间接载体溢价	生态产品价值需要通过二次分配才能加以实现

（续表）

实践模式	定义	分类	特点
生态产业开发	经营性生态产品通过市场机制实现交换价值的模式，是生态资源作为生产要素投入经济生产活动的生态产业化过程	物质原料生产、精神文化服务	市场化程度最高的生态产品价值实现方式
区域协同发展	公共性生态产品的受益区域与供给区域之间通过经济、社会或科技等方面合作实现生态产品价值的模式，是有效实现重点生态功能区主体功能定位的重要模式，是中国特色社会主义制度优势的发力点	异地协同开发、本地协同开发	与横向生态补偿的差异在于双方合作共赢
生态资本收益	生态资源资产通过金融方式融入社会资金，盘活生态资源实现存量资本经济收益的模式	绿色金融扶持、资源产权融资、补偿收益融资	生态资本通过其他经济活动实现价值增值

通过矿区生态修复实现生态产品价值，在国内外均有较多的实践。例如，英国伊甸园原是采掘陶土遗留下的巨坑，历时两年的建设工程投资1.3亿英镑，在开业的第一年内就吸引游客超过两百万，开业至今游客量过千万。2020年以来，自然资源部积极推进自然资源领域生态产品价值实现工作。截至2021年底，自然资源部公布了3批生态产品价值实现典型案例，其中第一批11个（见表7.3.2），第二批10个（见表7.3.3），第三批11个（见表7.3.4）。在3批共计32个案例中，涉及矿区生态产品价值实现的典型案例在第一批有4个，第二批有4个，第三批有1个。例如，北京市房山区史家营乡曹家坊废弃矿山、山东省邹城市采煤塌陷地治理、河北省唐山市南湖采煤塌陷区生态修复等典型案例。

归纳而言，目前国内外矿区生态产品价值实现的主要路径模式有四类：

(1) 生态修复及价值提升类

生态修复及价值提升类模式是矿区生态产品价值实现的主要路径模式。这类模式是在自然生态系统被破坏或者生态功能缺失地区，通过生态修复、系统治理和综合开发，恢复受损自然生态系统的功能，有效增加生态产品的供给，并运用优化国土空间布局、调整土地用途等政策措施发展接续产业，实现生态产品价值提升和价值“外溢”。

例如，山东省威海市华夏城矿坑生态修复及价值实现案例，即为生态修复及价值提升类模式。威海市将生态修复、产业发展与生态产品价值实现“一体规划、一体实施、一体见效”，优化调整修复区域国土空间规划，明晰修复区域产权，引入社会主体投资，持续开展矿坑生态修复和后续产业建设，把矿坑废墟转变为生态良好的5A级华夏城景区，带动了周边区域发展和资源溢价，实现了生态、经济、社会等综合效益。

(2) 生态产业化经营类

该模式是综合利用国土空间规划、建设用地供应、产业用地政策、绿色标识等政策工具，发挥生态优势和资源优势，推进生态产业化和产业生态化，以可持续的方式经营开发生态产品，将生态产品的价值附着于农产品、工业品、服务产品的价值中，并转化为可以直接市场交易的商品，是市场化的价值实现路径。

例如，江西省赣州市寻乌县山水林田湖草综合治理案例。寻乌县稀土资源丰富，自20世纪70年代末以来稀土开采不断，但由于生产工艺落后和忽视生态环境保护，导致植被破坏、水土流失、水体污染、土地沙化和次生地质灾害频发等一系列严重问题，遗留下面积巨大的“生态伤疤”。寻乌县在统筹推进山水林田湖草生态保护修复的同时，因地制宜发展生态产业，引入社会资本建设光伏发电站，发展油茶种植、生态旅游、体育健身等产业，逐步实现“变废为园、变荒为电、变沙为油、变景为财”。

(3) 生态资源指标及产权交易类

该模式是针对生态产品的非排他性、非竞争性和难以界定受益主体等特征，通过政府管控或设定限额等方式，创造对生态产品的交易需求，以自然资源产权交易和政府管控下的指标限额交易为核心，引导和激励利益相关方进行直接、间接的生态产品交易，是将政府主导与市场力量相结合的价值实现路径。

例如，近年来，重庆市积极拓展“地票”生态功能，涵盖宅基地复垦、矿山生态修复等，将更多的资源和资本引导到生态保护修复和建设上，“地票”制度实现了统筹城乡发展、促进生态产品供给等生态、经济和社会综合效益导向。2019年，为进一步推动矿山生态修复，重庆市规划和自然资源局印发《历史遗留废弃矿山复垦指标交易办法》,明确符合复垦条件的历史遗留废弃矿山,经生态修复后形成的减少建设用地指标,可作为“地票”进行交易。同年,重庆市首个历史遗留废弃矿山——渝北区曹家山煤矿土地复垦项目完成指标交易,交易价款 277 万余元。而且,矿山复垦成林地的项目,5 年后还可形成“林票”进行二次交易。

(4) 生态保护补偿类

该模式是按照“谁受益、谁补偿,谁保护、谁受偿”的原则,由各级政府或受益地区以资金补偿、园区共建、产业扶持等方式向生态保护地区购买生态产品,是以政府为主导的价值实现路径。

例如,江西省赣州市寻乌县山水林田湖草综合治理案例。寻乌县在山水林田湖草生态保护修复资金的基础上,整合国家生态功能区转移支付、东江上下游横向生态补偿等各类财政资金 7.11 亿元,由县财政出资、联合其他合作银行筹措资金成立生态基金,实施了系列生态补偿工程项目。

表 7.3.2 自然资源部第一批生态产品价值实现典型案例

序号	案例	类型
1	福建省厦门市五缘湾片区生态修复与综合开发案例	生态修复及价值提升类
2	福建省南平市“森林生态银行”案例	生态资源指标及产权交易类、生态产业化经营类
3	重庆市拓展“地票”生态功能促进生态产品价值实现案例	生态资源指标及产权交易类
4	重庆市森林覆盖率指标交易案例	生态资源指标及产权交易类、生态保护补偿类
5	浙江省余姚市梁弄镇全域土地综合整治促进生态产品价值实现案例	生态修复及价值提升类、生态产业化经营类
6	江苏省徐州市潘安湖采煤塌陷区生态修复及价值实现案例	生态修复及价值提升类、生态产业化经营类、生态资源指标及产权交易类
7	山东省威海市华夏城矿坑生态修复及价值实现案例	生态修复及价值提升类
8	江西省赣州市寻乌县山水林田湖草综合治理案例	生态修复及价值提升类、生态保护补偿类

（续表）

序号	案例	类型
9	云南省玉溪市抚仙湖山水林田湖草综合治理案例	生态修复及价值提升类、生态产业化经营类
10	湖北省鄂州市生态价值核算和生态补偿案例	生态保护补偿类
11	美国湿地缓解银行案例	生态资源指标及产权交易类、生态保护补偿类

表 7.3.3　自然资源部第二批生态产品价值实现典型案例

序号	案例	类型
1	江苏省苏州市金庭镇发展“生态农文旅”促进生态产品价值实现案例	生态产业化经营类、生态修复及价值提升类、生态保护补偿类
2	福建省南平市光泽县“水美经济”案例	生态产业化经营类
3	河南省淅川县生态产业发展助推生态产品价值实现案例	生态产业化经营类、生态修复及价值提升类
4	湖南省常德市穿紫河生态治理与综合开发案例	生态产业化经营类、生态修复及价值提升类
5	江苏省江阴市“三进三退”护长江促生态产品价值实现案例	生态修复及价值提升类、生态保护补偿类
6	北京市房山区史家营乡曹家坊废弃矿山生态修复及价值实现案例	生态修复及价值提升类、生态产业化经营类
7	山东省邹城市采煤塌陷地治理促进生态产品价值实现案例	生态修复及价值提升类、生态产业化经营类
8	河北省唐山市南湖采煤塌陷区生态修复及价值实现案例	生态修复及价值提升类、生态产业化经营类
9	广东省广州市花都区公益林碳普惠项目案例	生态资源指标及产权交易类
10	英国基于自然资本的成本效益分析案例	生态资源指标及产权交易类

表 7.3.4　自然资源部第三批生态产品价值实现典型案例

序号	案例	类型
1	福建省三明市林权改革和碳汇交易促进生态产品价值实现案例	生态资源指标及产权交易类

（续表）

序号	案例	类型
2	云南省元阳县阿者科村发展生态旅游实现人与自然和谐共生案例	生态产业化经营类、生态保护补偿类
3	浙江省杭州市余杭区青山村建立水基金促进市场化多元化生态保护补偿案例	生态保护补偿类
4	宁夏回族自治区银川市贺兰县“稻渔空间”一二三产融合促进生态产品价值实现案例	生态产业化经营类
5	吉林省抚松县发展生态产业推动生态产品价值实现案例	生态产业化经营类
6	广东省南澳县“生态立岛”促进生态产品价值实现案例	生态修复及价值提升类、生态产业化经营类
7	广西壮族自治区北海市冯家江生态治理与综合开发案例	生态修复及价值提升类
8	海南省儋州市莲花山矿山生态修复及价值实现案例	生态修复及价值提升类、生态产业化经营类
9	德国生态账户及生态积分案例	生态保护补偿类、生态资源指标及产权交易类
10	美国马里兰州马福德农场生态产品价值实现案例	生态资源指标及产权交易类、生态保护补偿类
11	澳大利亚土壤碳汇案例	生态资源指标及产权交易类

7.3.2 徐州市采煤塌陷区生态修复及价值实现案例

（1）案例背景

徐州市贾汪区因煤而立，但由于长期高强度的煤矿开采，土地资源和生态环境均受到了严重破坏，最严重的潘安湖地区塌陷面积达到 11.6 km^2。塌陷区内土地平均塌陷深度 4 m，耕地常年积水面积达 2.4 km^2，地上房屋损毁严重，生态环境十分恶劣，土地所有者权益严重受损。

2010 年以来，徐州市以“矿地融合”的理念推进潘安湖采煤塌陷区生态修复，将千疮百孔的塌陷区建设成湖阔景美的国家湿地公园，并带动了区域产业转型升级与乡村振兴，推动了生态产品供给增加和价值的充分实现。

（2）具体做法

一是充分发挥规划引领作用。统筹考虑区域内矿产、土地、水等资源管理和接续产业发展、新农村建设等，科学规划潘安湖塌陷区生态修复和后续产业发展，按照“宜农则农、宜水则水、宜游则游、宜生态则生态”的原则，创新“基本农田整理、采煤塌陷地复垦、生态环境修复、湿地恢复再造”四位一体的修复模式。

二是以增加生态产品为核心推进国土综合整治。对塌陷积水较浅区域，利用湖泥等再造土源，结合挖深垫浅和农田基础设施建设，恢复农田生态系统功能和耕作能力；塌陷积水较深区域，重新规划布局水系，建设湿地公园，恢复湿地生态系统服务功能；综合运用分层剥离、交错回填、土壤重构、泥浆泵、煤矸石充填等土壤重构技术，建设塌陷区内的沟、路、渠、桥、涵、闸、站等水利设施，推进山、水、林、田、路和城乡居民点、工矿用地等国土空间的生态修复和综合整治。

三是土地产权流转与盘活。对塌陷区内 139 hm^2 的集体建设用地及规划挖低土地实施征收，对 155 hm^2 徐矿集团闲置土地进行收购储备，盘活用于新产业发展用地。运用城乡建设用地增减挂钩、土地复垦等政策，保障塌陷区内居民的搬迁安置；将塌陷区内未利用地、建设用地以及损毁或低产的耕地，复垦为高质量耕地后，将土地承包经营权进行再分配。通过塌陷地征收、土地收购储备、居民点异地安置、土地承包经营权再分配等一系列产权流转，为生态修复项目建设和产业转型腾出了发展空间。

四是大力发展生态型产业。按照“生态优先、绿色发展”的理念，结合塌陷地修复和综合治理成果，推动潘安湖地区由“黑色经济”向“绿色经济”转型发展。以潘安湖国家 4A 级湿地公园建设为核心，融合马庄香包文化、潘安文化等地区传统文化，引入专业化管理和市场化经营团队，打造了潘安湖湿地公园、潘安古镇、马庄香包非物质文化等旅游品牌；利用潘安湖及周边优美的生态环境，建设潘安湖科教创新区，建设集旅游、养老、科教、居住为一体的新型城镇化生态居住区；改造权台煤矿工业遗址，对权台煤矿主矿井等具有遗存价值的建筑物予以保护，开发建设煤矿遗址文化创意园。

(3) 主要成效

一是大幅提高了生态产品的供给能力。通过综合整治,潘安湖地区 1 160.87 hm^2 的塌陷土地得到了系统修复,其中形成湖面 266.67 hm^2、恢复湿地 133.33 hm^2,地表水水质达到Ⅲ类以上,建成了主岛、醉花岛、鸟岛等 9 个生态岛屿,为 100 余种动植物物种提供了栖息地,成为徐州地区一个重要的候鸟栖息地,生态环境和人居环境大为改善。潘安湖地区从昔日满目疮痍、稼穑不生的采煤塌陷区,转变为湖阔景美的湿地景观区,优质生态产品的供给能力得到了大幅提升。

二是生态产品价值得以显化。通过产业转型发展,潘安湖地区从过去的煤炭开采、水泥粉磨等资源密集型产业,转型升级为生态旅游、创意文化、教育科技等现代新兴产业,区域住宅地价经历了治理前的 30 万元/亩左右,到治理后的 100 万元/亩,再到现在 300 万元/亩的持续增长,实现了生态产品价值的外溢。潘安湖地区年接待游客人数达到了 380 万人次,形成了多个精品旅游线路和区域旅游品牌,促进了生态产品的价值显化。

三是带动乡村产业发展和村民增收。随着生态环境的改善,潘安湖周边村庄从原来大多以煤为生,转变为依靠生态旅游开展多种经营,逐步形成了旅游、文化、餐饮、民宿、景区服务、绿化等产业,带动了“生态 + 旅游”“生态 + 文化”等多种产业形态共同发展。

7.3.3 威海市华夏城矿坑生态修复及价值实现案例

(1) 案例背景

山东省威海市华夏城景区位于里口山脉南端的龙山区域。20 世纪 70 年代末,龙山区域成为建筑石材集中开采区。经过 30 年左右的开采,区域内矿坑多达44 个,被毁山体 3 767 亩,森林植被损毁、粉尘和噪声污染、水土流失、地质灾害等问题突出,导致周边村民无法进行正常的生产生活,区域自然生态系统退化和受损严重。

2003 年开始,威海市采取“政府引导、企业参与、多资本融合”的模式,对龙山区域开展生态修复治理,由威海市华夏集团先后投资 51.6 亿元,持续开展矿坑生态修复和旅游景区建设，探索生态修复、产业发展与生态产品价值实现“一体规划、一体实施、一体见效”。经过十几年的接续努力，龙山区域的矿坑废墟转变为生态良好、风光旖旎的5A级景区，带动了周边村庄和社区的繁荣发展，实现了生态效益、经济效益和社会效益的良性循环。

(2) 具体做法

一是明晰产权，明确生态修复和产业发展的实施主体。2003年，威海市确立了“生态威海”发展战略，把关停龙山区域采石场和修复矿坑摆在突出位置，将采矿区调整规划为文化旅游控制区，同时引入威海市华夏集团作为区域修复治理的主体。华夏集团投入2 400余万元用于获得中心矿区的经营权、采矿企业的搬迁补偿和地上附着物补助等，并租赁了周边村集体荒山荒地2 500余亩，明确了拟修复区域的自然资源产权。随着生态修复的不断推进，华夏集团将修复与文旅产业、富民兴业相结合，通过市场公开竞争方式取得了223亩国有建设用地使用权，用于建设海洋馆、展馆等景区设施，为后续生态管护和景区开发奠定了基础。

二是开展矿坑生态修复，将矿坑废墟恢复为绿水青山。针对威海市降水较少、矿坑断面高等实际情况，采用难度大、成本高的“拉土回填”方式填埋矿坑、修复受损山体，最大程度减少发生地质灾害的风险，恢复自然生态原貌。针对部分山体被双面开采，山体破损极其严重、难以修复的情况，经充分论证，规划建设隧道，隧道上方覆土绿化、恢复植被。对于开采最为严重的矿坑，采用黄泥包底的原始工艺，修筑了35个大小塘坝，经天然蓄水、自然渗漏后形成水系，为景区内部分景点和植被灌溉提供了水源，改善了局部生态环境。在填土治理矿坑的同时进行绿化，因地制宜地栽植雪松、黑松、刺槐、柳树等各类树木200余种，恢复绿水青山、四季有绿的生态原貌。

三是发展文旅产业，将绿水青山变为金山银山。为了解决绿水青山恢复后长期维护的问题，华夏集团积极探索生态产品价值实现模式，将生态修复治理与文化旅游产业相结合，依托修复后的自然生态系统和地形地势，打造不同形态的文化旅游产品，促进绿水青山向金山银山的转化。依托长210 m、宽171 m的矿坑，创新打造

360度旋转行走式的室外演艺《神游传奇》秀，集中展现华夏五千年文明和民族精神，实现自然景观与人文景观的紧密结合；依据山势建设了1.6万 m^2 的生态文明展馆，采用“新奇特”技术手段，将观展与体验相结合，集中展现华夏城的生态修复过程和成效，让游客身临其境、亲身感受“绿水青山就是金山银山”的理念。

(3) 主要成效

一是生态产品显著增加。龙山区域的森林覆盖率由原来的56%提高到95%，植被覆盖率由65%提高到97%；修筑塘坝所形成的水系，彻底改变了原来矿山无水的状况，吸引了白鹭、野鸭、野鸡等几十种野生鸟类和鹿、野兔等十几种野生动物觅食栖息，成功地将生态废墟建设成为山清水秀的生态景区，恢复了区域内的自然生态系统，为周边15万居民和威海市民提供了源源不断的高质量生态产品。

二是打通了生态产品价值实现的路径。华夏集团通过“生态+文旅产业”的模式，让生态产品的价值得到充分显现。截至2019年底，华夏城景区累计接待游客近2 000万人次，景区年收入达到2.3亿元。随着生态环境的显著改善和华夏城景区的建成开放，带动了周边区域的土地增值，其中住宅用地的市场交易价格从2011年最低的58万元/亩增长到2019年的494万元/亩，实现了生态产品价值的外溢。

三是实现了生态、经济和社会等综合效益。生态旅游产业的发展带动了周边地区人员的充分就业和景区配套服务产业的繁荣，华夏城景区共吸纳周边居民1 000余人就业，人均年收入约4万元；带动了周边区域酒店、餐饮和零售业等服务业的快速发展，吸纳周边居民创业就业1万余人，周边13个村的村集体经济收入年均增长率达到了14.8%，实现了生态效益、经济效益和社会效益的有机统一。

7.4 生态脆弱区生态产品价值实现的典型案例

我国是世界上生态脆弱区分布面积最大、脆弱生态类型最多、生态脆弱性表现最明显的国家之一，主要分布在北方干旱半干旱区、南方丘陵区、西南山地区、青藏高原区及东部沿海水陆交接地区，行政区域涉及黑龙江、内蒙古、吉林、辽宁、河北、山西、陕西、宁夏、甘肃、青海、新疆、西藏、四川、云南、贵州、广西、重庆、湖北、湖南、江西、安徽等21个省(自治区、直辖市)。我国生态脆弱区大多位于生态过渡区和植被交错区,处于农牧、林牧、农林等复合交错带,往往具有抵抗外界干扰能力弱、对气候变化比较敏感、生物多样性在逐渐减少等明显特征,是我国目前生态问题突出、经济相对落后和人民生活贫困区。

在生态脆弱区生态产品价值实现过程中,生态环境保护和当地居民的生存发展也面临着严峻的挑战。因此,如何通过实现生态产品的价值激发生态脆弱地区的居民积极投入到生态环境保护中,并让他们通过参与生态保护过上好日子,是实现生态脆弱地区的生态产品价值并让价值得到可持续实现的关键。

总体而言,对于生态脆弱区,生态产品价值实现的主导方式是生态补偿。例如,浙江省杭州市余杭区青山村建立水基金促进市场化多元化生态保护补偿。

7.4.1 泾源县吸引社会资本参与生态保护修复推进绿色产业发展案例

(1) 案例背景

泾源县位于六盘山东麓,素有“秦风咽喉、关陇要地”之美誉,为国家级重点生态功能区,是宁夏南部重要的生态屏障和森林水源涵养地,但由于地处土石山区,地势起伏,沟谷深切,雨量充沛且集中,易造成水土流失。

近年来,泾源县立足自身实际,聚焦资源优势和生态修复短板,积极探索建立吸引社会资本参与生态保护修复投入机制,引入市场主体,盘活土地资源,促进植绿增绿,趟出了一条“政府、市场、社会、企业”有效结合、“经济效益、生态效益、社会效益”有机统一的改革发展之路,建立了“生态修复+一二三产业融合发展”的改革新路径。

(2) 具体做法

一是探索构建“政府主导、市场运作、社会参与”的国土空间生态修复机制,提高社会资本参与生态修复积极性。立足自然资源禀赋实际和特点,泾源县积极吸引社会资本参与生态保护修复重点任务,将社会资本参与范围由废弃矿山扩展到生态保护修复全领域,持续推进国土空间生态保护修复的市场化机制建设,依据《国务院办公厅关于鼓励和支持社会资本参与生态保护修复的意见》(国办发〔2021〕40号),研究制定生态保护修复激励政策和相关措施,明确提出赋予一定期限自然资源资产使用权、拓宽项目融资渠道等激励机制,鼓励和引导企业、个体经营者、工商资本、金融资本等社会资本参与国土空间生态修复，实现生态效益、经济效益和社会效益的有机统一和良性互动，极大地提高了社会资本参与生态保护修复的积极性。

二是引入社会资本参与生态修复，提高生态脆弱区生态系统服务功能。引进国家林业重点龙头企业投资 4 000 余万元，对燕家山移民迁出区 3 900 亩生态脆弱区域实施生态修复，发展生态产业。其中，生态修复 3 000 亩，产业示范区 900 亩。项目实施过程中，政府部门通过土地租赁、提供建设用地指标、完善基础配套设施等优惠措施助力企业。例如，结合实际投资规模和建设进度，在项目区范围内按照修复规模 10‰比例为企业提供建设用地指标；政府负责项目区内道路、供水、供电、防火、病虫害防治等基础配套设施建设。

三是依托良好自然生态环境，统筹推进一二三产业融合发展。当前，企业正在按计划实施第二、三阶段的修复任务，具体包括：发展生态农业，以特色林木示范为主，种植造型油松 200 亩，通过苗木产业经营提高企业收益；合理规划林菌、林药、林蜂、林禽示范区，开展枸杞芽菜、黄花菜、观食两用百合等农产品加工。开展生态旅游康养，结合燕家山自然资源禀赋，积极挖掘六盘山丰富的野生植物资源，在产业示范区种植优新品种 300 亩、六盘山特色花灌木 350 亩，植入梦幻杨、红枫、火炬等彩叶树种和植物，吸引游客观赏，并依法申请移民搬迁后的建设用地，拟建设民宿、餐饮、医疗等配套设施，打造旅游康养服务园区。开展生态科教，科研品种间作林木花卉 250 亩，建立了六盘山区生态系统野外科研与教学综合试验基地、六盘山区中药资源及产业化试验研究基地等平台，有效发挥生态与经济相互促进、人才智力交流互动、科技成果转移转化等功能。

(3) 主要成效

一是生态环境显著改善。在燕家山生态修复项目合作中，完成了生态脆弱区域修复 2 000 亩，栽植火炬、刺槐、杜梨、白桦、云杉等修复树种 237 万株；完成可利用土地修复 900 亩，采用覆膜、滴灌等技术打造集产业发展和观光于一体的各类主题专类园，种植丁香、连翘、天目琼花、四季玫瑰等六盘山特色花灌木 400 多亩，叶用枸杞 200 亩，及菊芋、梦幻杨、造型油松、耐寒百合等，增加了生物多样性，提升了区域生态系统功能，增强了服务黄河流域生态保护和高质量发展先行区建设能力。

二是生态经济产业发展潜力大。依托得天独厚的自然资源禀赋和区位优势，泾源县将成为陕甘宁乃至西北地区旅游者的首选目的地。在燕家山生态修复区种植了菊芋、百合、枸杞芽菜等赏食两用的特色农产品，同时栽植了白桦、火炬、梦幻杨等彩叶树种，通过复绿、固土、添彩等措施打造“五彩”生态林，为后期发展特色生态文化旅游、民宿、餐饮、康养、休闲产业奠定了坚实基础，生态文旅康养产业价值开发潜力巨大。

三是促进山绿与民富共赢。泾源县大力实施精准造林、六盘山重点生态功能区降水量 400 mm 以上区域造林绿化等重点造林工程，通过向农户购买种苗，带动周边居民脱贫致富。在燕家山生态修复项目实施过程中，劳务用工全部使用当地劳动力；对工程所需的云杉、油松、六盘山特色花卉灌木等造林苗木，优先购买当地群众种苗，有效带动了地方生态产业发展，提高了农民收入，助力泾源县实现“生态美、产业兴、百姓富”的乡村全面振兴样板区发展目标。

7.4.2 粤桂九洲江流域上下游横向生态补偿案例

(1) 案例背景

九洲江发源于广西玉林市陆川县，流域全长 162 km，跨越粤桂两省区，流经玉林市博白县，注入广东廉江市鹤地水库，是粤桂地区雷州半岛灌溉和湛江市饮水的重要水源。二十一世纪以来，九洲江流域内人口快速增长、城镇化进程加快、人类生产生活活动加剧、传统畜禽养殖业迅猛发展，流域污染源和污染物增加。但上游地区玉林市经济发展滞后，水环境保护投入严重不足，流域生态环境受损，下游湛江市的饮用水水质安全受到严重影响。

为治理九洲江流域污染问题，近年来玉林市积极践行“绿水青山就是金山银山”理念，坚持生态优先、绿色发展，推进九洲江流域上下游横向生态补偿机制建设，深入实施九洲江跨流域治理工程，全面整治流域污染，推动产业转型升级，建立长效管护机制，逐步解决了九洲江流域水污染问题，促进流域生态环境持续改善，实现生态产品价值。

(2) 具体做法

一是粤桂协作，开展流域上下游横向生态补偿。中共中央、国务院于 2015 年 9

月出台《生态文明体制改革总体方案》，将九洲江列为全国三个跨地区生态补偿试点之一，启动九洲江流域横向生态补偿试点工作。建立生态补偿机制。按照“谁受益、谁补偿”和“谁污染、谁治理”的生态补偿原则，粤桂两省（区）政府先后于 2016 年、2019 年、2022 年签订三轮九洲江流域上下游横向生态补偿协议，要求跨省界山角断面水质年均值达到Ⅲ类水质标准，建立“成本共担、效益共享、合作共治、双向补偿”机制。建立生态补偿专项资金管理，按照九洲江流域上下游横向生态补偿协议要求，2015—2017 年期间粤桂两省（区）各出资 3 亿元，2018—2020 年、2021—2023 年期间粤桂两省（区）各出资 1 亿元，中央财政依据年度水质考核目标完成情况确定奖励资金并一次性拨付资金给广西，专项用于九洲江流域水污染防治工作。

二是多措并举，落实整治管护工作。深入推进养殖污染治理，划定九洲江干流和重要支流沿岸 2 000 米范围内设限养区，200 米范围内设禁养区，清理拆除禁养区内 10 头以上的生猪养殖场，发放补偿资金 1.28 亿元。推广“高架网床 + 益生菌”生态化、“环保公司 + 养殖场（户）”专业化、“收粪合作社 + 养殖户”社会化、无害化等“四化处理”模式，改造 273 家养殖场。全面开展生活污染治理，配备 2 500 座农村沼气池、7 个河段防护工程、2 个畜禽无害化处理厂等防污治污基础设施，建成 10 座镇级污水处理厂，开展 107 座村级污水处理设施主体建设、提标改造乡镇级污水处理厂，建成 10 个镇级垃圾中转站，完善生活垃圾“分—收—集—转”系统。彻底整治工业污染，建设 8 家流域污水处理厂，对流域内污染工业进行关停并转；上游流域停止审批核准、备案排放废水的工业项目；建设 1 100 亩九洲江上游流域中小企业产业转移园，引导涉水企业退江入园。建立长效管护机制，出台《九洲江流域水质保护条例》，建立“河长制”“六同”水质监测制度、跨行政区域联合执法制度、文化熏陶机制等长效机制，为科学治水、高效治水提供法律保障。

三是整合资源，推动产业转型升级。调整九洲江流域种植业产业结构，大力发展中药材产业，推进中药材种植专属区规划建设，全市种植中药材 14.98 万亩，在陆川县中药材种植面积 8 万多亩，建设 20 万亩有机中药材专属区。支持养殖场转型发展绿色环保产业，结合生猪养殖自然减量情况，鼓励支持养殖场升级及转型发展其他绿色环保产业，推进粗放养殖向生态养殖转型，加快规模养殖场标准化建设，规划建设花园式养殖小区；建设特色生态养殖示范带，按照花园式生态养殖小区的标准建设英平家庭农场，建设神龙王生态农业培训中心，推动全县生态养殖加快推广，70多家生猪养殖场转型为养鱼或家禽等。建设九洲江生态特色农业产业园，在陆川县建设生态扶贫特色农业产业园700亩。打造现代农业产业转型服务平台。建设生态乡村示范带，投资7 000多万元打造九洲江漂流公园、文官村风貌改造、英平生态家庭农场、迈塘橘红种植示范基地等生态乡村示范点。乌石镇打造乡村振兴示范基地，开展清洁乡村“一元钱工程”，筹集资金聘请保洁人员维护九洲江流域村屯的清洁卫生。

(3) 主要成效

一是生态环境显著改善。通过开展禁养区养殖场清拆工作、全面治理工业及生活污水，取缔了流域污染源，减少了养殖污水直排。通过系统治理，九洲江流域水质逐步提升，2014年至2017年期间跨省界考核断面水质年均值均达到地表水Ⅲ类标准，水质月达标率由2014年的58.3%上升到2017年的100%，第一轮协议要求的目标任务超额完成，2018年至2020年跨省界考核断面年均值均达到地表水Ⅲ类标准，完成第二轮协议要求的目标任务，推动流域生态环境持续改善。

二是生态产业协调发展。玉林市引导九洲江沿岸农民由养殖业向中草药等高效生态种植业转变，建成陆川县良田—滩面—乌石中药材专属区示范基地和迈塘橘红种植基地，促进了经济发展与农民增收的平衡，推动了环境保护与经济协调融合发展。通过推广高架网床生态养殖模式，建成生猪高架网床养殖场112家，建成养殖栏舍面积5.9万m^2，实现了降成本、无污染、增效益的效果。

三是民生福祉不断增强。流域生态环境不断改善，推动形成了特色生态旅游示范带和中药材种植示范基地等“休闲旅游观光”集群，庭院经济、农家乐、农家旅馆等乡村旅游服务进一步完善，促进了休闲农业与乡村旅游产业的发展，带动当地及周边农户就业。以“现代特色农业示范区”为载体，通过“政府引导＋新型农业经营主体主导”模式推动橘红、休闲观光农业等一批特色扶贫产业蓬勃发展。建成的吹塘码头江滨公园、“十里河画”等景区，为当地居民及游客营造了休闲、娱乐的环境，进一步增强民生福祉。

7.5 生态脆弱矿区生态产品价值实现的路径建议

2022年5月，山西省发展和改革委员会、山西省财政厅、山西省自然资源厅、山西省生态环境厅等11部门联合印发《关于建立健全生态产品价值实现机制的实施意见》，明确提出“到2025年，初步形成生态产品价值实现的制度框架，基本形成生态产品价值核算评估、市场交易、绿色金融等制度，逐步完善生态保护补偿和生态环境损害赔偿政策制度，逐步健全生态产品价值实现的政府考核评估机制”，“到2035年，全面建立系统完善的生态产品价值实现机制，生态系统健康稳定，生态底色更加靓丽，绿色生产生活方式广泛形成，美丽山西目标基本实现，为生态脆弱地区生态产品价值实现提供‘山西模式’‘山西经验’”。

生态脆弱矿区兼具人为干扰强烈、生态系统退化严重、系统抗干扰能力弱、对全球气候变化敏感、时空波动性强、环境异质性高、边缘效应显著等特征。作为生态脆弱矿区的典型区和山西省全方位推动高质量发展的重要增长极，忻州市有必要先行先试，探索一套北方生态脆弱地区和资源型矿区生态产品价值实现“山西模式”“山西经验”路径。

7.5.1 构建生态产品要素清单

以现有国土自然资源调查监测体系为基础，加强森林、灌丛、湿地、草地、耕地、河流、矿区等生态资源调查能力建设，确定基于不同生态产品要素的调查监测与统计调查指标，以及相应的数据采集、处理、汇总及数据质量控制技术方案与统计方法，摸清各类生态资源和产品数量、质量等底数，形成生态产品清单。

7.5.2 探索建立生态产品价值核算评估体系

一是依据国家生态产品价值(GEP)核算方法，优化确立适宜于本地的生态产品价值核算指标体系和核算方法，探索构建行政区域单元生态产品总值和特定地域单元生态产品价值评价体系。二是根据不同类型生态产品价值属性，对生态产品进行分类、分等，根据生态产品的价值和交易属性，建立反映生态产品保护和开发成本的价值核算方法，探索建立体现市场供需关系的生态产品价格形成机制。三是探索将生态产品价值核算基础数据纳入国民经济核算体系，借鉴GDP报告的编制形式，设计编制生态产品价值统计年鉴，并探索基于生态产品总值的离任审计评价指标体系。

7.5.3 支持生态保护修复提升生态价值

矿区的生态功能修复应以保障长远生态安全和生态产品价值实现为目标。紧抓黄河流域生态保护和高质量发展等重大战略机遇，全面开展矿山环境治理、“两山七河一流域”山水林田湖草沙一体化保护和系统修复以及生物多样性保护等工作，以资金补偿、异地开发或解决就业等创新补偿方式，充分调动各地保护生态、利用生态产品价值的积极性，推动生态物质产品、调节产品及文化产品协同发展。可以借鉴重庆“地票”模式，积极拓展“地票”生态功能，建立涵盖矿山生态修复、宅基地复垦等“地票”运用模式，参考威海市华夏城矿坑生态修复模式，明确生态修复和产业发展的实施主体，将更多的资源和资本引导到生态保护修复和建设上，统筹城乡发展、促进生态产品供给等生态、经济和社会综合效益导向。

7.5.4 推进生态产品产业化经营

利用好山西中部城市群太忻经济一体化发展的契机，探索生态产品“创造—展示—营销—维护”的价值增值途径。依托五台山世界文化景观遗产号召力和优越的自然条件，把五台山打造成世界级文化旅游康养品牌和世界级旅游休闲目的地；以雁门关蕴含的长城文化为核心，打造忻州长城文旅知名品牌。依托芦芽山独特的自然生态条件，打造国内知名的生态休闲、康养度假旅游目的地。依托忻州古城承载的文化历史和生活记忆，充分发挥其品牌效应，谋划新项目、新业态，把忻州古城打造成为晋西北文化体验地和国内知名文化旅游康养品牌。挖掘老牛湾蕴含的黄河、长城文化价值,结合优越的自然条件,打造多业态融合的综合旅游目的地。努力塑造五台山、雁门关、芦芽山、忻州古城、老牛湾五大文旅康养品牌,使之成为忻州文旅康养产业叫响品牌、走向世界的龙头与旗帜。

通过市场化运作,推进森林康养、生态旅游等生态产品产业化发展,延长生态产品产业链。做好小杂粮资源等生态产品认证宣传工作,支持具备条件的认证机构开展生态产品认证,提高供给能力和服务水平。

7.5.5 探索多元化绿色金融支持

一是加强与金融机构对接,定制推出专项绿色信贷产品。例如,用于矿山生态修复的"绿色矿山贷"、用于土地整治与土壤污染修复的"绿色土壤贷"、用于流域水环境保护治理的"绿色信贷"。二是创新特色产业绿色信贷产品。摸索"生态产品权益抵押+项目贷"模式,以林地经营权,矿产权,农村土地承包经营权,古屋、古村落、古树名木等为质押物,创新特色生态信贷产品。三是鼓励政府性融资担保机构为符合条件的生态产品经营开发主体提供融资担保服务。

7.5.6 探索多元化生态保护补偿制度

一是科学界定生态补偿范围,切实加大生态补偿投入力度,进一步明确生态补偿的标准、范围、方式,建立健全生态补偿监督机制。二是借鉴生态补偿"新安江模式"和粤桂九洲江流域上下游横向生态补偿案例,积极在汾河、滹沱河、桑干河等跨市流域开展横向生态保护补偿试点工作。深化生态环境损害赔偿制度改革,稳步实施排污许可制度,完善生态环境监管执法机制,逐步健全源头预防、过程控制、损害赔偿、责任追究的流域生态环境保护体系。三是积极探索大气污染治理生态补偿机制,建立基于环境空气质量目标的补偿机制,研究制定适宜的补偿标准。四是探索建立补偿资金与破坏生态环境相关产业逆向关联机制,对生态功能重要地区发展破坏生态环境相关产业的,适当减少补偿资金规模。

参考文献

[1] 中华人民共和国环境保护部.环境保护部关于印发的《全国生态脆弱区保护规划纲要》的通知[CP].(2008-09-27)[2022-06-20].http://www.gov.cn/gongbao/content/2009/content_1250928.htm.

[2] 刘秀丽,郭丕斌,张勃,等.采煤与脆弱生态复合区生态安全评价——以山西为例[J].干旱区研究,2018,35(3):677-685.

[3] 冉圣宏,金建君,薛纪渝.脆弱生态区评价的理论与方法[J].自然资源学报,2002(1):117-122.

[4] 甄霖,胡云锋,魏云洁,等.典型脆弱生态区生态退化趋势与治理技术需求分析[J].资源科学,2019,41(1):63-74.

[5] 冷疏影,刘燕华.中国脆弱生态区可持续发展指标体系框架设计[J].中国人口·资源与环境,1999,9(2):40-45.

[6] 袁吉有,欧阳志云,郑华,等.中国典型脆弱生态区生态系统管理初步研究[J].中国人口·资源与环境,2011,21(S1):97-99.

[7] 贾艳青,张勃.1960fl2016 年中国北方地区极端干湿事件演变特征[J].自然资源学报,2019,34(7):1543-1554.

[8] 刘秀丽,郭丕斌,张勃,等.采煤与脆弱生态复合区生态安全评价——以山西为例[J].干旱区研究,2018,35(3):677-685.

[9] 张淼淼,秦浩,王烨,等.汾河中上游湿地植被 多样性[J].生态学报,2016,36(11):3292-3299.

[10] 解敏.管涔山林区典型植被群落与古树名木调查[J].内蒙古林业调查设计,2015,38(2):

90-93.

[11] 张晓琴.管涔山林区森林健康经营模式探究[J].山西林业,2022(4):24-25+48.

[12] 马丽.管涔山生物多样性特征研究[J].山西林业科技,2014,43(3):19-21.

[13] 赵鹏宇,崔嫱,冯文勇,等.滹沱河流域忻州段地表水功能区水质变化趋势分析[J].干旱地区农业研究,2015,33(2):220-224.

[14] 赵鹏宇,崔嫱,冯文勇,等.滹沱河山区县域农业生态系统健康评价[J].水土保持研究,2015,22(3):315-319.

[15] 李晓,郑庆荣,胡砚秋,等.滹沱河上游地区土地利用变化对生态系统服务价值的影响[J].安徽农学通报,2021,27(2):108-112+143.

[16] 赵鹏宇,冯文勇,步秀芹,等.滹沱河忻州段生态系统健康评价[J].山西农业大学学报(自然科学版),2015,35(5):528-534.

[17] 周伟,官炎俊,刘琪,等.黄土高原典型流域生态问题诊断与系统修复实践探讨——以山西汾河中上游试点项目为例[J].生态学报,2019,39(23):8817-8825.

[18] 赵鹏宇,薛慧敏.基于PSR模型的能源生态复合区生态安全预警研究——以山西省忻州市为例[J].水土保持通报,2020,40(2):285-290+298.

[19] 郑海霞,卜玉山,韩龙.基于SWOT分析的忻府区特色农业发展研究[J].忻州师范学院学报,2020,36(5):30-33+127.

[20] 刘秀丽,张勃,吴攀升,等.基于农户福祉的黄土高原土石山区退耕还林生态经济系统耦合效应——以宁武县为例[J].西北师范大学学报(自然科学版),2016,52(3):113-117.

[21] 刘秀丽,郭海珍,张勃,等.基于因子分析法的山西省区域经济发展水平评价[J].西北师范大学学报(自然科学版),2018,54(2):102-107+120.

[22] 赵鹏宇,冯文勇,步秀芹,等.近55年来滹沱河山区水资源变化规律与影响因素[J].水土保持研究,2015,22(1):128-132.

[23] 宋倩.晋北地区半干旱风沙区典型林分适宜性评价[J].山西林业,2021(2):24-25.

[24] 高志峰,赵鹏宇.景观生态学原理在水土保持中的应用[J].赤峰学院学报(自然科学版),2012,28(1):32-33.

[25] 王雪,刘晋仙,柴宝峰,等.宁武亚高山湖泊细菌群落的时空格局及驱动机制[J].环境科

学,2019,40(7):3285-3294.

[26] 岳建英,李晋川,郭春燕,等.山西汾河源头地区种子植物区系地理成分分析[J].植物科学学报,2012,30(4):374-384.

[27] 曲波,张谨华,陈永强,等.山西荆条分布现状及其群落结构研究[J].中国野生植物资源,2017,36(6):65-67+74.

[28] 杨晓艳,秦瑞敏,张世雄,等.山西吕梁山草本群落对模拟增温的响应及与环境因子的关系[J].西南农业学报,2020,33(6):1291-1300.

[29] 张毅.《山西省黄河流域生态保护和高质量发展规划》印发实施[J].山西水利,2021(5):6.

[30] 崔亚琴,樊兰英,刘随存,等.山西省森林生态系统服务功能评估[J].生态学报,2019,39(13):4732-4740.

[31] 郭东罡,上官铁梁.山西省生物多样性面临的威胁及保护对策[J].科技情报开发与经济,2005,15(20):114-115.

[32] 张峰,上官铁梁,张龙胜.山西省湿地生物多样性及其保护[J].地理科学,1999,19(3):216-219..

[33] 贾泽婷,吴攀升,刘俊.山西省忻州市主城区功能区优化研究[J].经济师,2021(5):131-133.

[34] 刘秀丽,张勃,任媛,等.五台山地区草地生态系统服务价值估算[J].干旱区资源与环境,2015,29(5):24-29.

[35] 刘秀丽,张勃,杨艳丽,等.五台山地区森林生态系统服务功能价值评估[J].干旱区研究,2017,34(3):613-620.

[36] 张建萍,郑丽媛,王文英.忻州市绿色矿山建设现状及存在问题[J].华北自然资源,2022(1):150-153.

[37] 罗正明,刘晋仙,周妍英,等.亚高山草地土壤原生生物群落结构和多样性海拔分布格局[J].生态学报,2021,41(7):2783-2793.

[38] COSTANZA R, D'ARGE R, DE GROOT R S, et al. The value of the world's ecosystem services and natural capital[J].Nature,1997,387(15): 253-260.

[39] DAILY G C. Nature's Service: Societal Dependence on Natural Ecosystems [M].

Washington DC：Island Press，1997.

［40］MA（Millennium Ecosystem Assessment）. Ecosystems and human well-being：A framework for assessment[M].Washington DC：Island Press，2003.

［41］MA（Millennium Ecosystem Assessment）. Ecosystems and Human Well-being：Synthesis [M].Washington DC：Island Press，2005.

［42］SCEP（Study of Critical Environmental Problems）. Man's impact on the global environment：Assessment and recommendations for action［M］. Cambridge：MIT Press，1970.

［43］李文华，张彪，谢高地.中国生态系统服务研究的回顾与展望[J].自然资源学报，2009，24(1)：1-10.

［44］欧阳志云，李文华.生态系统服务功能内涵与研究进展[M]//李文华，欧阳志云，赵景柱.生态系统服务功能研究.北京：气象出版社，2002：1-27.

［45］欧阳志云，王如松，赵景柱.生态系统服务功能及其生态经济价值评价[J].应用生态学报，1999，10(5)：635-640.

［46］谢高地，肖玉，鲁春霞.生态系统服务研究：进展、局限和基本范式[J].植物生态学报，2006，30(2)：191-199

［47］付战勇，马一丁，罗明，等.生态保护与修复理论和技术国外研究进展[J].生态学报，2019，39(23)：9008-9021.

［48］张林波，虞慧怡，郝超志，等.国内外生态产品价值实现的实践模式与路径[J].环境科学研究，2021，34(6)：1407-1416.

［49］张林波，虞慧怡.生态产品价值实现：理论、实践与任务［M］.济南：山东人民出版社，2021.

［50］马建堂，王安顺，张均扩，等.生态产品价值实现路径、机制与模式[M].北京：中国农业发展出版社，2019.

［51］李忠.践行"两山"理论建设美丽健康中国——生态产品价值实现问题研究[M].北京：中国市场出版社，2021.

［52］中华人民共和国自然资源部.自然资源部办公厅关于印发《生态产品价值实现典型案

例》(第一批)的通知[CP].(2020-04-23)[2022-06-23].http://gi.mnr.gov.cn/202004/t20200427_2510189.html.

[53] 中华人民共和国自然资源部.自然资源部办公厅关于印发《生态产品价值实现典型案例》(第二批)的通知[CP].(2020-10-27)[2022-06-23].http://gi.mnr.gov.cn/202011/t20201103_2581696.html.

[54] 中华人民共和国自然资源部.自然资源部办公厅关于印发《生态产品价值实现典型案例》(第三批)的通知[CP].(2021-12-16)[2022-06-23].http://gi.mnr.gov.cn/202112/t20211222_2715397.html.

[55] EMENIKE C U,JAYANTHI B,AGAMUTHU P,et al. Biotransformation and removal of heavy metals: A review of phytoremediation and microbial remediation assessment on contaminated soil[J].Environmental Reviews,2018,26(2):156-168.

[56] KHALID S,SHAHID M,NIAZI N K,et al. A comparison of technologies for remediation of heavy metal contaminated soils[J].Journal of Geochemical Exploration, 2017, 182: 247-268.

[57] PARMAR S,SINGH V. Phytoremediation approaches for heavy metal pollution: A review [J].Journal of Plant Science & Research,2015,2(2):139.

[58] AYANGBENRO A S, BABALOLA O O. A new strategy for heavy metal polluted environments: A review of microbial biosorbents [J]. International Journal of Environmental Research and Public Health,2017,14(1):94-109.

[59] 兰利花,田毅.土壤地带性分布下的典型矿区土壤修复模式[J].江西农业学报,2021,33(1):40-49.

[60] 罗琳,叶戈杨,关钊,等.生态修复下金川矿区植被覆盖度及景观格局的变化[J].亚热带资源与环境学报,2022,17(1):64-71.

[61] 郭英英,李素清.十八河铜尾矿库草本植物群落优势种种间关系[J].中国水土保持科学,2019,17(4):18-25.

[62] 郭逍宇,张金屯,宫辉力,等.安太堡矿区复垦地植被恢复过程多样性变化[J].生态学报,2005,25(4):763-770.

[63] 曹苗文.铜尾矿库白羊草内生真菌、根域及非根域土壤微生物多样性格局[D].太原：山西大学，2019.

[64] GODOY O, GÓMEZ-APARICIO L, MATÍAS L, et al. An excess of niche differences maximizes ecosystem functioning[J]. Nat Commun. 2020;11(1):4180

[65] JONES T A . Ecosystem restoration: recent advances in theory and practice[J]. The Rangeland Journal, 2017, 39(5/6):417-430.

[66] MEERBEEK K V , JUCKER T , SVENNING J . Unifying the concepts of stability and resilience in ecology[J]. Journal of Ecology, 2021,109(9) :3114-3132.

[67] MERINO-MARTÍN L, COMMANDER L , MAO Z , ET AL. Overcoming topsoil deficits in restoration of semiarid lands: Designing hydrologically favourable soil covers for seedling emergence[J]. Ecological Engineering, 2017, 105:102-117.

[68] MORENO-MATEOS D, ALBERDI A, MORRIN E, et al.The long-term restoration of ecosystem complexity[J].Nature Ecology and Evolution,2020,4(5):676-685.

[69] NELCTNER V J , NGUGI M R . Establishment of woody species across 26years of revegetation on a Queensland coal mine[J]. Ecological Management & Restoration, 2017, 18(1):75-78.

[70] OCKENDON N, THOMAS D H L, CORTINA J, et al. One hundred priority questions for landscape restoration in Europe[J]. Biological Conservation, 2018, 221:198-208.

[71] STRASSBURG B B N, BEYER H L, CROUZEILLES R, et al.Strategic approaches to restoring ecosystems can triple conservation gains and halve costs[J]. Nature Ecology & Evolution, 2019, 3(1):62-70.

[72] WAINWRIGHT C E, STAPLES T L, CHARLES L S, et al. Links between community ecology theory and ecological restoration are on the rise[J]. The Journal of Applied Ecology, 2018, 55(2) : 570-581.

[73] YEMSHANOV D, HAIGHT R G, KOCH F H, et al. Prioritizing restoration of fragmented landscapes for wildlife conservation: A graph-theoretic approach[J]. Biological Conservation, 2019, 232: 173-186.

[74] YOUNG T P, PETERSEN D A, CLARY J J. The ecology of restoration: Historical links, emerging issues and unexplored realms[J]. Ecology Letters, 2005, 8(6): 662-673.

[75] 串丽敏,赵同科,郑怀国,等.土壤重金属污染修复技术研究进展[J].环境科学与技术,2014,37(S2):213-222.

[76] 都兰,萌来,邢立运.内蒙古金属矿区植被修复研究进展[J].环境与发展,2015,27(6):108-111

[77] 关文彬,谢春华,马克明,等.景观生态恢复与重建是区域生态安全格局构建的关键途径[J].生态学报,2003,23(1):64-73.

[78] 郭英英,李素清.十八河铜尾矿库草本植物群落优势种种间关系[J].中国水土保持科学,2019,17(4):18-25.

[79] 骆永明.污染土壤修复技术研究现状与趋势[J].化学进展,2009,21(Z1):558-565.

[80] 彭建,吕丹娜,董建权,等.过程耦合与空间集成:国土空间生态修复的景观生态学认知[J].自然资源学报,2020,35(1):3-13.

[81] 杨家庆,鲁明星,吴冠辰,等.矿山边坡植被修复研究现状及发展趋势分析[J].矿山测量,2022,50(1):83-87.

[82] 杨锐,曹越."再野化":山水林田湖草生态保护修复的新思路[J].生态学报,2019,39(23):8763-8770.

[83] 张琳,陆兆华,唐思易,等.露天煤矿排土场边坡植被组成特征及其群落稳定性评价[J].生态学报,2021,41(14):5764-5774.

[84] 张庆费,贾熙璇,郑思俊,等.城市工业区野境植物多样性与群落结构研究——以原上海溶剂厂再野化为例[J].中国园林,2021,37(12):14-19.

[85] 张文岚.平朔矿区采矿废弃地生态恢复评价研究[D].济南:山东师范大学,2011.

[86] 张林波,虞慧怡.生态产品价值实现:理论、实践与任务[M].济南:山东人民出版社.

[87] 宁夏回族自治区自然资源厅.关于印发《宁夏回族自治区生态产品 价值实现典型案例》(第二批)的通知[EB/OL].(2022-11-08)[2023-03-13]. https://zrzyt.nx.gov.cn/gk/fdzdgknr/tzgg/202211/t20221108_3834203.html.

[88] 广西壮族自治区自然资源厅.广西推出首批生态产品价值实现典型案例[EB/OL].(2022-09-21)[2023-03-05]. https://dnr.gxzf.gov.cn/show? id=81421.